U0527289

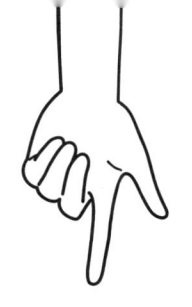

DON'T SHOOT
THE DOG!
THE NEW ART OF TEACHING
AND TRAINING

别毙了那只狗

教养和训练的新艺术

［美］凯伦·布莱尔（Karen Pryor）◎著
黄薇菁◎译

ZHEJIANG UNIVERSITY PRESS
浙江大学出版社
·杭州·

图书在版编目(CIP)数据

别毙了那只狗：教养和训练的新艺术 /（美）凯伦·布莱尔（Karen Pryor）著；黄薇菁译. -- 杭州：浙江大学出版社, 2025.5. -- ISBN 978-7-308-26019-0

Ⅰ. S865.3

中国国家版本馆CIP数据核字第2025N2M781号

DON'T SHOOT THE DOG!: The New Art of Teaching and Training
by Karen Pryor
Simplified Chinese translation copyright © 2025 by Zhejiang University Press Co., Ltd.
Published by arrangement with Writers House, LLC
through Bardon-Chinese Media Agency
博達著作權代理有限公司
ALL RIGHTS RESERVED

浙江省版权局著作权合同登记图字：11-2022-233

别毙了那只狗：教养和训练的新艺术
[美]凯伦·布莱尔 著　黄薇菁 译

责任编辑	罗人智	
责任校对	陈　欣	
封面设计	尚书堂|刘青文	
出版发行	浙江大学出版社	
	（杭州市天目山路148号　邮政编码310007）	
	（网址：http://www.zjupress.com）	
排　　版	杭州朝曦图文设计有限公司	
印　　刷	杭州钱江彩色印务有限公司	
开　　本	880mm×1230mm　1/32	
印　　张	8	
字　　数	150千	
版 印 次	2025年5月第1版　2025年5月第1次印刷	
书　　号	ISBN 978-7-308-26019-0	
定　　价	68.00元	

版权所有　　侵权必究　　印装差错　　负责调换

浙江大学出版社市场运营中心联系方式：0571-88925591；http://zjdxcbs.tmall.com

[译者序]

训练不能光凭直觉与蛮干！

黄薇菁

十年前，我在美国读研究生，课余消遣是到帕特里夏·麦康奈尔博士(《别跟狗争老大》一书作者)的训犬学校担任课程助手，当时令我印象深刻的是美国人看待宠物的态度，大家把为狗绝育和带狗上课视为责任及义务，乐于追求相关新知，所以市面上有各种犬类训练及行为相关书籍，我记得初级训犬课列有多本推荐书目，其中一本就是《别毙了那只狗》。

这本书被美国宠物犬训练师协会（Association of Pet Dog Trainers）列入十大好书，也是该协会训犬师认证前的必读推荐书目之一，美国训犬师组织（American Dog Trainer's Network）称它是"训犬师的圣经"。上网查询"现代训练"（modern training）或"正向训练"（positive training），它们的推荐阅读多半都少不了这本书。然而书中直接提到训犬的部分却不多，因为它并不是一本训犬手册，没有给你训练步骤让你照本宣科，而是希望你了解"训练原理"，明白怎么做有用,怎么做无效。有了这个训练利器在手,无论你想训练老公还是老虎,都不成问题。

训练这门学问无法光凭直觉和蛮干。举例来说,你家狗狗在客厅大便,你把它抓过来,指着那坨大便,甚至把它的鼻子压在大便上,生气地怒吼:"看看你干了什么好事!"然后海扁它一顿,让它得个教训,下次它才不敢再乱大便。这种处理属于人类的直觉反应,狗儿不见得能学习到你想要它做的事,所以很少有狗儿因此学会了到哪儿大便。奇特的是,尽管不是很有效,大家仍然口耳相传、如法炮制,甚至很多训犬书籍也教人这么做。这便是蛮干,不动脑筋。

唯有动动脑,依循训练原理才能够有效训练,靠着直觉及蛮干只会劳神费时,苦的不只是做训练的一方,也苦了被训练者。训练原理就是学习理论(learning theory),其出自心理学大师斯金纳(Skinner)博士引领的操作制约行为研究,尔后由斯金纳博士的学生及其他人士发扬光大,发展应用到各类动物训练以及人类教育上。

作者有鉴于大众对学习理论的不解,遂结合本身的学术知识及多年动物训练经验撰写了这本书,以升斗小民也能理解的平实口吻简要介绍了学习理论。

本书共分为六章。

第一章:开宗明义说明训练新行为的方法——"正强化"和"负强化"的原理,以及运用强化法的各项注意事项。

第二章：达成不可能任务的逐步强化法——介绍威力巨大的"塑形法"，如何利用强化法塑造出心目中的行为，有效塑形行为的十大原则以及特殊应用。

第三章：精进训练技巧——介绍何谓"刺激控制"、成功达成刺激控制的四项条件、目标法，以及如何控制刺激及加强行为反应。

第四章：训练八招工具箱——如果你不喜欢爱犬的一些行为，你不必毙了它、修理它或丢掉它！有了其他七招，你再也不必一招处罚走天下，别招或许更管用。

第五章：强化法的生活应用——你不但能够改变自己，也能改变他人，扩及社会各层面。

第六章：训练新趋势——"响片训练"可加速学习，历时不忘，探入动物的心灵世界，并且创造人与动物和乐相处的新境界。

无论是训练人、宠物，还是训练动物园的野生动物，现今的训练趋势是逐渐走向人道训练方法，尽可能少用疼痛或威胁。而本书所提倡的响片训练更是这类训练法的翘楚，它与重视处罚纠错的传统训练迥异，强调以训练原理作为后盾，进行有效沟通并大量使用正强化技巧。响片训练正如同燎原野火，在全世界如火如荼地蔓延开来。

虽然十年前已听闻本书，我却迟至四年前才开始拜读，因为书上全是密密麻麻的英文，令人望而却步！直到读了之后才发现有如入了宝山,满载而归,遂向出版社推荐此书。现在出版了中文版,方便中文读者许多。

像这样的一本训练宝典,动物训练师、教师或教练都应该人手一册,宠物饲主也应该好好研读。你将看得出自己的训练技巧出了什么错,明白原来动物或学生出现的问题其来有自,从而真正懂得如何改善自己的技巧。

俗话说:"授之以鱼,不如授之以渔。"目前市面上绝大部分的宠物训练书籍都是偏重于介绍训练技巧和步骤的技术书,等于只把"鱼"丢给你,而这本书将是第一本告诉你训练原理的知识书。

我们虽然晚了美国的狗狗饲主至少十年,但是现在有了"钓竿",我们的饲主知识水平要赶上他们仍然不迟。我期盼这本书能获得广大的支持与回响。

训练应该是件愉快又有趣的事,请找对方法,和您的宠物一同享受训练之乐吧!

(本文作者为响片训练课程讲师)

献给我的母亲莎利・昂德克（Sally Ondeck）

继母瑞奇・威利（Ricky Wylie）

以及亦师亦友的温妮弗雷德・斯特利（Winifred Sturley）

目 录

绪言 / 001

第一章　比奖励更有效的"强化原则" / 011

"正强化物"是什么？ / 012

哪些是"负强化"？ / 015

抓准强化物出现的时间点 / 020

强化物的大小 / 023

意外的"大奖" / 024

制约强化物 / 026

响片训练 / 030

"继续加油！" / 032

习得厌恶刺激 / 034

无法预料的奖励更具吸引力 / 037

不适用变化性强化的情况 / 041

如何打破"起头最难的障碍" / 041

迷信行为：意外的强化效果 / 044

利用正强化可以做什么？ / 048

团体中的强化 / 051

别忘了强化自己 / 053

第二章　塑形法：不打、不骂、不施压的训练法 / 055

什么是塑形法？ / 056

方法重要，原则更重要 / 058

塑形法的十大原则 / 059

从训练游戏开始 / 077

塑形快捷方式：目标法、模仿和仿真 / 084

特殊训练对象 / 090

善用记录做自我增强 / 092

不发一语的塑形法 / 094

第三章　刺激控制：无胁迫性质的合作关系 / 099

刺激的种类 / 100

让对方依令行事 / 101

建立信号 / 103

刺激控制的规则 / 106

哪种信号？ / 109

信号强度和淡出 / 111

有效又好用的目标物 / 114

以习得厌恶刺激作为信号 / 117

限定反应时间 / 119

预期心理 / 121

利用刺激作为强化物：连锁行为 / 122

教狗儿玩飞盘：一个连锁行为的例子 / 127

类化刺激控制的概念 / 129

习成前低潮及发飙 / 131

刺激控制的用途 / 134

第四章 反训练：利用强化去除不想要的行为 / 139

第一招：毙了他（它）！ / 142

第二招：处罚 / 145

第三招：负强化 / 152

第四招：消弱 / 161

第五招：训练不兼容的行为 / 166

第六招：训练这个行为只依信号出现 / 171

第七招：塑形出行为的消失 / 176

第八招：改变动机 / 179

有害无益的剥夺方法 / 184

解决复杂的问题 / 186

第五章　现实生活中的强化现象 / 195

强化之于运动 / 196

强化之于经营 / 200

动物世界的强化现象 / 202

强化之于社会 / 208

第六章　响片训练：一种新的训练技巧 / 217

日益普遍的响片训练 / 218

响片训练的长期附加效应 / 221

突飞猛进的学习成效 / 223

去除响片 / 225

训练对象有如参与游戏 / 226

免于恐惧的自由 / 229

学习与乐趣 / 230

将响片训练融入日常生活 / 232

更多应用在人类身上的做法 / 235

世界各地的响片训练 / 239

致　　谢 / 243

绪　言

　　本书主要谈如何训练，无论对象是人类还是动物、训练对象是年幼还是年老、是训练自己还是训练他人，都可以运用方法使其做出力所能及的事或应该做的事。如何让猫咪不上餐桌或让祖母别再对你唠叨？如何改变你家宠物、孩子、老板或朋友的行为？如何改善你的网球动作、高尔夫球表现、算术能力或记忆？这些，全都可以利用"强化"的训练原则达成。

　　这些原则是不变的定律，如同物理定律，所有的学习及教导必定依据这些原则，犹如苹果必定依据引力定律往下掉落一样。每当我们试图改变行为，无论对象是自己还是他人，我们都运用这些原则，虽然我们不一定知道自己正在这么做。

　　我们往往不恰当地运用这些原则，我们威胁对方、与对方争辩、迫使对方就范或剥夺对方的权利，一出现问题便抓着对方穷追猛打，而当事情顺利时却白白让称赞对方的大好时机溜走。我们对自己的孩子，对伴侣，甚至对自己都严苛不耐，却也因这种态度感到内疚，深知如果使用较好的方法，将能更快达成目标而且也不会引起紧迫，但往往就是想不出该怎么做——我们只是不知道为现代训练师所善加利用的"正强化定律"罢了。

无论要训练什么，不管是训练四岁小孩在公共场所保持安静、训练幼犬大小便、训练一群运动员，还是训练背诗，如果你知道如何运用正强化训练原则，将可以进展得较快、较好也较有乐趣。

强化的定律很简单，花十分钟就可以把它全写在黑板上，花一个小时就能学起来。然而，要运用这些定律就是个挑战了。强化式训练有如玩游戏，脑筋必须转得快才行。

每个人都可以做训练，甚至有些人天生便能做得很好。你并不需要耐性特佳或个性强势，或拥有与动物或小孩相处的天赋，或具有马戏团训练师法兰克·巴克（Frank Buck）的"人眼魔力"，你只需要知道自己正在做什么。

有些人直觉就明白如何应用训练定律，我们称这些人为天生教师、杰出指挥官、金牌教练、天才动物训练师。我曾观察一些剧场导演和许多交响乐团指挥家，他们运用强化原理的技巧都很高超，这些天赋异禀的训练者不需要看书也能够善加利用影响训练的原理，然而我们其他人却是跌跌撞撞、胡乱摸索，企图解决宠物不受控制或与子女、同事意见相左的问题。如果我们能够了解强化的运作原理，这可能是天大的帮助。

强化式训练并非"奖励"和"处罚"的系统——总的说

来，现代训练师根本不使用这些字眼。奖励和处罚的概念隐含极多与情绪相关的联想和解读，诸如渴望、害怕、罪恶感、"应该"如何和"理当"怎样等。举例来说，我们会因为自己做了某事而给予他人奖励，比如骂了小孩之后买冰淇淋给他作为补偿，自以为知道奖励应该是什么，例如冰淇淋或称赞，可是有些人并不喜欢冰淇淋，而且如果称赞出自不当人选的口中或称赞的理由不当时，结果可能适得其反，就如有时候老师的称赞反而会使被称赞的学生受到其他同学的奚落。

我们期望他人不需奖励也能做对事，比如女儿应该洗碗，因为这是她对父母的义务。当小孩或员工出现打破东西、偷窃、迟到、讲话无礼之类的行为时，我们会很生气，因为他们明知故犯。我们实行处罚时，通常是在行为发生很久以后了（最具代表性的例子是把犯人关入牢里），于是这个处罚对对方未来的行为可能毫无影响。处罚其实只是报复，然而我们却认为处罚是一种教育方式，人们容易把这种做法当成"给对方一个教训"。

现代的强化式训练不以这种通俗看法作为基础，它是根据行为科学来的。依科学上的说法，"强化"出现于行为发生期间或行为达成时，并会增加行为再出现的可能性。达成强化有两个要点：行为与强化两个事件在时间上必须具有关联性，当"行为"引起"强化"时，这个行为发生的频率即增加。

用来强化的东西（强化物）可能是正面的，它是学习者可能喜欢并且希望得到更多的东西，例如微笑或轻拍一下的鼓励方式；但它也可能是负面的，也就是学习者想避开的东西，例如猛扯一下牵绳或皱眉。 但强化原理中，最为重要的是"时间关联性"——行为发生，接着出现强化物，日后产生良好后果或避开不良后果的行为便较常发生。 事实上，这个强化的定义如同回馈回路，反向推演亦能成立：如果行为频率没有增加，那么不是强化物出现的时机过早或太迟，就是选用的强化物对行为者不具强化作用。

　　此外，我认为"强化理论"（科学原理）和"强化式训练"（该科学原理的实际运用）之间有个重要分野。 研究显示，行为发生后若出现好的后果，该行为将较常发生。 这是事实。 不过实际运用时，若训练者希望获得惊人成效，在行为发生的当时就必须立刻出现强化物；"做对了！就是现在这个动作！"就在当下瞬间，学习者必须知道当时的行为已赢得奖励。

　　现代训练师已发展出一些实时强化的绝佳办法：他们主要利用标定信号让学习者能够确认行为、强化定律、一些在实际生活中运用这些定律的方法，以及一个民间提倡的训练趋势。 该办法目前暂且定名为"响片训练"（clicker training），它正将这类训练原理应用至未知的新领域。

　　我最早学习到正强化训练是在夏威夷。 一九六三年我签约成为海洋生物世界海洋馆的首席训练师。过去我以传统方法训练犬只和马匹，但是海豚是全然不同的对象，我们无法使用牵绳、马勒甚至拳头来训练这种游来游去的动物，因此正强化物——通常是一桶鱼——成为我们唯一的训练工具。

一位心理学家向我概略解释了强化式训练的原理，至于应用这些原理的艺术，我则由训练海豚的实务经验习得。我的学术背景是生物学，动物行为也是我毕生的兴趣。当时让我大感着迷的并不是海豚这种动物，而是进行这种训练时我们之间产生的沟通——由我传达给它，由它传达给我。我把自海豚身上习得的经验应用于其他动物，并开始注意到这种训练方式的应用悄悄出现在我的日常生活里，例如我不再对孩子大吼大叫，原因是我注意到这么做没用，我会留意寻找我喜见的行为，当它发生时即予以强化。这种做法不但效果好多了，而且也可保持安宁平静。

我从海豚训练中习得的经验具有诸多扎实的科学理论作为后盾。在本书中我们将讨论许多理论之外的延伸。据我所知，这些理论的应用多半未曾被科学界描述，而且我认为科学家常错误地应用这些理论。不过基本定律已经确定无误，训练时必须将它们列入考虑。

这些理论的研究具有不同名称：行为矫治（behavior modification）、强化理论（reinforcement theory）、操作制约（operant conditioning）、行为主义（behaviorism）、

行为心理学（behavioral psychology）、行为分析（behavior analysis）。这个心理学分支主要归功于哈佛教授斯金纳博士的引领。

据我所知，这个领域的内容在现代科学中最易遭到毁谤、误会、错误解读、过度延伸或误用。光是提到斯金纳的名字就足以激怒一些人士，他们认为"自由意志"是人兽分野的特质之一，对于具有人文传统背景的人士而言，蓄意利用一些技巧操纵人类行为似乎是极其邪恶的。然而昭然若揭的事实是，我们所有人时时刻刻都试图操纵彼此的行为，拿得到什么方法就用什么方法。

虽然人文主义信仰者一直猛烈抨击行为主义及斯金纳博士，激烈程度可比过去对付异教徒的狂热，但行为主义已经扩展成心理学的一大领域，包含大学科系、临床工作者、专业期刊、国际性会议、研究所计划、学说、理论支派及大量研究文献。

这个现象出现了一些益处，有些病症（例如孤独症）对塑形法和强化法的反应似乎无其他疗法可及，许多治疗师运用行为疗法，成功地解决了患者的情绪问题，至少在某些情况之下，这种单纯改变行为、不探究问题根源的做法有其成效，因而促成家庭治疗（family therapy）的兴起。这种治疗方法在治疗过程中注意到每位家庭成员的行为，而非只注意到患者本身，这显然是很合理的做法。

从斯金纳理论产生的教学机器（teaching machines）

和程序教学书（programmed books）是人们逐步塑形学生学习并强化正确反应的早期尝试。这些早期的方法笨拙难用，不过接着马上出现了计算机辅助教学（Computer-Assisted Instruction，CAI），它的强化物（虚拟烟火、跳舞的机器人）本身即具娱乐性，好玩又有趣，而且由于计算机响应的时间很精准，因此成效极佳。精神病院等机构也已建立起使用代币或代券的增强计划，累积的代币或代券可以用来交换糖果、香烟或特权。现在到处都见得到减重或改变其他习性的自我训练计划，"精准教学法"（Precision Teaching）和"直接教学法"（Direct Instruction）等依据塑形及强化原则设计的有效教学系统也进入了学校体系，而训练生理反应的生物回馈（biofeedback）则是应用强化法的有趣例子。

如今，"控制"研究已经到了极致细节的程度，例如一项研究发现，进行自我训练计划时如果使用进度追踪表，把小空格涂满的人将比在小空格里打钩的人容易维持新习惯。

把细枝末节研究至此有它合理的心理学目的，不过它通常和好的训练不太相干；训练是一个回路，是双向性沟通，在回路某端所发生的事件将改变另一端的事件，这和神经机械回馈系统（cybernetic feedback system）完全一样。然而许多心理学家把研究当成是他们对动物所做的事，而非一起做的事。对于真正的训练师来说，最引人兴味的是每只动物出人意料的独特反应，而且它可能是训练过程中最具成效的事件，但几乎所有实验性研究都刻意忽略或降低个体化反应。

斯金纳博士所谓的"塑形法"是一个行为逐渐改变的过程，设计及执行这个训练方法是一个运用想象力的过程。然而，心理学文献中多的是缺乏想象的塑形研究，姑且不提它们的笨拙设计，我认为它们甚至还构成了残忍又不正常的处罚。举一项近期期刊报告为例，它的尿床行为疗法不但在小孩床上设置"尿湿"侦测器，而且还要治疗师陪小孩过夜！撇开它对小孩心理的不良影响不说，这类的"行为"疗法有如企图用铲子打死苍蝇一般。

十九世纪的哲学家叔本华（Arthur Schopenhauer）曾说过，每个创新的观念会先被人取笑，然后被人大肆挞伐，到最后才会被视为理所当然。

据我所见，强化理论也不例外。多年以前斯金纳博士广受耻笑，因为他为了示范塑形现象而训练一对鸽子打乒乓球。他还曾为出生不久的女儿打造了一个温暖、自动清洁又提供娱乐的摇篮，人们谑称它是不符人道的"婴儿箱"，是不道德且偏离正统教派的产物；现今仍有人谣传他两个女儿精神失常，其实她们两人都是事业有成的专业人士，个性也相当随和。最后一点是，现在有许多知识分子认为自己早已听说强化理论也明白它是什么，表现出一副没什么大不了的样子，事实上多数人并不了解它是什么，否则他们对待别人的行为就不会这么差了。

自从有了训练海豚的经验后，经年下来我持续对学术界、专业人士及一般大众以强化原则为题发表演讲及文章，我还把这种训练方法传授给高中生、大学生、研究生、家庭主妇和动物园管理员，也教导亲友家人，在周末讲座上则教授几千名狗儿饲主和训犬师。我对其他各类的训练师（包括牛仔和教练）也进行了观察和研究。我注意到强化训练的原则正逐渐渗入我们的普遍认知当中。好莱坞电影的动物训练师称正强化为"博感情训练法"，他们利用这些技巧训练成一些无法以暴力胁迫达成的行为，例如在电影《小猪宝贝》（*Babe*）中猪和其他动物出现的许多行为。现今许多奥运教练也利用正强化和塑形方法训练，而非依赖传统威吓的方法，同样获得显著的进步。

然而，我却找不到一本描述强化理论原则的书，可以让人在遇到实际状况时能马上拿来运用，因此我在本书中依我的理解解释了强化理论，并且就我所见说明了实际生活中的运用及误用情形。

强化式训练无法解决所有问题——它无法让你银行账户里的钱变多，也无法挽救不良的婚姻，它也无法逆转严重的人格问题。有些情况（例如婴儿哭闹）并不属于训练问题，它需要运用其他办法解决。有些行为（无论动物或人类）具有遗传天性的成分，要以训练改变或许很难或不可能，有些问题不值得花时间训练。但是，对于许多生活中的挑战、任务或烦人之事，正确运用强化可以有所帮助。

在某些情境下使用正强化后也许可以让你触类旁通，了解如何在其他情境下运用。一位我曾共事的海豚研究学者曾酸溜溜地说："没有训练鸡的人应该规定他们不可以生孩子。"他的意思是，人在训练鸡这种无法接受暴力的动物而获得成效时，这种经验将明白显示，你并不需要处罚小孩也能获得成效，而且这种经验应该会让你有点概念，了解如何强化你喜见的小孩行为。

海豚训练师为了每日工作需要，必须发展出正强化技巧，我注意到他们的子女多半极讨人喜欢，也很平和。本书并不能保证你的子女也一样讨人喜欢，事实上本书并不保证任何结果或技巧，它所能给你的是所有训练的基本原则，并且给你一些指导方针，教你如何在各种情境下灵活运用这些原则。它或许能够让你去除苦恼多年的情况，或者能够使停顿不前的状况豁然开朗，如果你希望的话，你当然也可利用它训练鸡。

强化式训练似乎有种自然规律，本书章节的安排顺序与训练时各个事件实际发生的过程（由简单至复杂）同出一辙，而这个顺序似乎也是人们最容易学习成为真正训练者的必经过程。本书的编排由易入难，目的为使读者逐步发展出正强化训练的概略认识。然而，本书为求实用，从头至尾以生活实境作为范例，建议读者把书中提及的解决办法当成建议或启发，而不是依样画葫芦。

第一章

比奖励更有效的『强化原则』

"正强化物"是什么？

所谓"强化物"即任何与某项行为共同出现、通常会增加该行为发生频率的事物。请你牢记，它是优良训练的秘诀。

强化物可以分为两种："正强化物"和"负强化物"。"正强化物"指训练对象希望获得的事物，如食物、抚摸或称赞；而"负强化物"则指训练对象希望回避的事物，如被猛击、皱眉的表情或不悦耳的声音，如上车后没系上安全带时一直哔哔作响的警告声即是负强化物。

只要是原本就会出现的行为，无论它多么罕见，都可以利用"正强化"加强这个行为。例如你召唤一只幼犬过来，当它过来时便拍拍它，即使日后没有对它多做其他训练，它被召回身边的可能性也会越来越高。假设你希望某人（子女、父母或情人）打电话给你，但他从来不打电话给你，那你是无计可施的，因为强化式训练的重点是：你无法强化一个从不发生的行为。反过来说，如果他每次打电话给你时都相谈甚欢，使这个"打电话给你"的行为获得正强化，他将来再打电话给你的可能性或许便会提高（当然，假如你每次接到电话都予以"负强化"——尽说些令人反感的话："你为什么现在才打电话来？非得我打给你吗？你都不打来。"——他会为了回避这种烦扰而不想打电话给你了；事实上，你的所作所为正是为了训练他别再打电话来）。

强化式训练最根本的原则便是针对行为给予正强化。在科学文献里，心理学家可能会这么说："'行为方法'用来……"或者"这个问题利用'行为方法'而获得解决"。这通常意味着心理学家以正强化取代了原有方法，不过这并不暗示他们采取了本书提及的所有正强化技巧，他们甚至可能并不知道这些技巧。

然而，改用正强化做法通常足以解决问题，至今它仍是协助解决尿床问题最有效的方法：早上起来时发现床单没湿，则立即给予称赞及拥抱。

在自己身上运用正强化原则也很有效。我以前是莎士比亚读书会的会员，在那里认识了一位年近五十、热爱打回力球的华尔街律师。他无意间听到我与他人聊天时谈到了训练，他便聊起他在打回力球时会尝试使用正强化。他原本习惯在出错时骂脏话，但现在会试着在打出好球时称赞自己。两个星期后我碰巧遇见他，我问他："回力球打得如何？"他的脸上浮现出华尔街律师身上少见的惊奇欢愉的表情。

他告诉我:"起初我觉得自己真是个大傻瓜,因为每次打了好球就对自己说:'干得好!彼特,真有你的!'如果只是我一个人练习,我甚至还会拍拍自己的背。后来我开始打得越来越好,在回力球俱乐部的排名比以前升高了四级,把过去一些很难抢分的对手打得七零八落,而且我也获得了更多乐趣,我不再大骂自己,赛后不会感到生气失望。打了一个坏球,那没什么好在意的,之后就能打出好球。我发现自己最爱看到对手犯错、生气、扔球拍,我知道这些举动对球赛毫无帮助,所以我只要微笑就好了……"

真是可畏的对手啊!而他只不过改用了正强化而已。

强化物的性质是相对而不是绝对的。雨对鸭子来说是正强化物,但对猫来说是负强化物,而对牛来说(至少在天气暖和的情况下)则无关紧要。吃饱后,食物不再是正强化物,而如果对方打定主意要惹你生气,那么再多的微笑和赞美(强化物)也无用武之地。因此,为了达到强化的效果,强化物必须是对方想要的东西。

无论何种训练状况,有多种强化物可供选择将会更有帮助。在海洋世界的海生馆里,虎鲸便有许多不同的强化物,比如鱼食(食物)、在不同身体部位抚摸搔痒、社交关注及玩具等。在整个表演秀里,它们永远不知道接下来哪一个行为将被强化,或者强化物将是什么,这些"意外惊喜"会让它们觉得兴味盎然,有时候甚至可以进行整场表演仍用不到一般常用的鱼食强化物,在表演结束后才获得食物。对训练者来说，不断变化强化物的种类也是一件极具挑战又有趣的事。

正强化也是送礼艺术的依据，当选中对收礼者具有强化作用的礼物时，对送礼者也是一种强化作用，且有助于改进人际关系。在美国的文化中，送礼这件事常由女性负责，我甚至还知道有个家庭由妈妈负责为全家人采买送给彼此的圣诞礼物。到了圣诞节清晨拆礼物时，可笑的对话出现了："喔！这个礼物是安送给比利的。"然而每个人都知道这份礼物和安一点关系也没有。坦白说，这种做法无法磨炼孩子强化他人的技巧。

对正强化观察敏锐的男性会比其他男性占有更大优势。身为母亲的我就要求儿子们一定要懂得如何送礼。举例来说，在他们七岁和五岁时，有一次我带他们到一家昂贵的名品店为妹妹挑选洋装。他们很喜欢瘫坐在豪华舒适的椅子上，对妹妹试穿的每件衣服品头论足。他们的小妹也很喜欢这样，当然她握有最后的决定权。多亏那次经验和其他类似的练习机会，他们三人都学会了如何真心关切他人，为亲爱的人寻找有效正强化物也成了一种乐趣。

哪些是"负强化"？

强化物的作用是增加行为发生频率，但它不一定都是学习者想要的东西，避免不喜欢的东西也可能是种强化。

实验室研究显示,如果改变行为可以让厌恶刺激(aversive stimuli)消失,这个厌恶刺激即可增加该行为发生频率,这类刺激就称为"负强化物"(negative reinforcers),一种人类或动物会设法避免的刺激。

负强化物可能是极其轻微的厌恶刺激,例如讲冷笑话时朋友不屑地瞥你一眼,或空调吹过来的一阵凉风让你起身换个位置。而极强烈的厌恶刺激,例如公开侮辱或电击,除了可以当作处罚,也可拿来作为负强化物;我们被老板责骂的经验或许极具处罚性质,但是我们很快便学会,当爱骂人的老板站在前门时,我们会从后门溜进公司。

负强化物是指经由行为改变即能停止或避免的厌恶刺激,只要新行为一出现,厌恶刺激立即停止出现,因而强化了新行为。假设我坐在姑妈家的客厅里,像在自己家里一样把脚搁在桌上,姑妈挑高一边眉毛表示不满,我便把脚放回地上,她的表情放松了,我也松了一口气。以这个例子来说,挑高的眉毛是一种厌恶刺激,具有负强化物的作用,我以新行为停止了这个厌恶刺激,所以把脚放在地上的行为将来可能再度发生,在我姑妈家里是如此,到了别人家里可能也会一样。

负强化物几乎能完成所有的训练,传统的训练方法多半就是这么做——当左边缰绳拉紧时,马儿只要向左转,拉扯嘴巴的讨厌压力即会减少,因此马儿学会了向左转;狮子退回台子上并待着不动,因为这么做才能避免被鞭子挥到，或有椅凳挡在面前。

然而，负强化并不同于处罚，两者的差别在哪儿呢？处罚是指在意图改变的行为发生后才产生的厌恶刺激，对该行为可能毫无影响，我在本书的初版中写道："没人知道因成绩不佳而被修理的男孩将来的成绩会不会变好，但是他绝对不可能改变这张已带回家的成绩单。"的确，当我们怀着意图进行处罚时，我们经常已错过时机太久，不过这还不是处罚和负强化真正不同的地方。

现代行为分析学者把任何停止行为的事件都视为处罚。幼儿把发夹插入插座时，妈妈赶快用力把他的手拍开——这个行为停止了，但其他事情可能会发生——幼儿开始哭、妈妈感到愧疚，等等。不过把发夹插入插座的行为确实消失了，至少当时是如此，这就是处罚的作用。

心理学家斯金纳更明确定义"处罚"可以是"某项行为导致喜欢的事物消失的过程"，或者也可以是"某项行为导致不喜欢的事物发生的过程"。不论是哪种定义，处罚也许让当下发生的行为停止了，但是没有人可以预料以后会出现什么后果。我们已知强化物可以强化未来的行为，但无法预测处罚是否能够导致行为改变。

妈妈抓住幼儿或用力打他的手（即使时间点抓得很准），这个做法是否能保证他将来不会再度把东西插入插座？去问问任何一位家长，你就会明白现实情况往往是：家长把小东西收好，盖住墙上的插座或者用家具挡住插座。等幼儿长大后，他们特别想这么做的冲动就会消失。

行为分析学者认为，强化或处罚都是一个由后果定义的"过程"。负强化物可以拿来进行有效训练，尽管使用厌恶刺激，训练过程仍可能相当无害。以下是一个利用负强化训练骆马的好例子［感谢骆马专家吉姆·洛根（Jim Logan）提供此法］。骆马是一种半驯化的动物，美国人把它们当成宠物饲养，其他地区的人则饲养它们作为毛料来源。

骆马和马儿一样非常胆怯害羞，除非它自幼时常接触人类，否则人们很难靠近它。虽然利用食物强化的训练法对骆马效果极佳，但当它们对人类过于惊惧而不敢靠近取食时，这个方法就派不上用场了。所以，现今的骆马训练师的做法是，利用响片作为信号，告知骆马它们的行为将获强化，但这时使用的初级强化物（或真正的强化物）是"移除负强化物（即厌恶刺激）"。

实际上，你等同对骆马说："如果我走近到离你三十英尺①处，你可以保持站着不动吗？可以？很好，我按下响片就会转身离去。"或者说"现在，如果我走到离你二十五英尺处，你可以站着不动吗？可以？很好，我按下响片就走。"利用响片标定骆马站着不动的行为，并且利用"可怕人类的离开"作为强化物，有时在五至十分钟内即

---

① 1英尺约等于0.3048米。——编者注

能靠近到能够触摸到它的程度。骆马控制着整个局势，只要它站着不动，它就可以让人类走开！所以它继续站着不动。当人能摸到骆马几次之后才离开，这时事情便打破僵局了，这个人不再令它感到害怕。现在饲料桶即可出场，沟通的对话转变为："你站着不动时我可以摸摸你吗？可以？按响片就赏你好吃的东西。"这时骆马便进入获取"正强化物"的阶段，这些正强化物包括食物、搔痒和拍抚，而且它正把站着不动的新行为做得很棒，而不是朝着别处逃跑。

利用离开（或好行为出现即不再施压）的做法就是所谓"通马语者"（horse whisperer）常利用的训练技巧。训马者在围起来的区域内与自由奔跑的马匹互动，在相当短的时间内使马匹脱胎换骨：野生的马儿从惊怕逃窜变得能够冷静接纳人类，甚至容许人类给它套马鞍及骑乘它，这种整体性的转变可说是非常神奇。使用这些技巧的训练者虽然都习惯以某个声音或动作作为标定信号（或制约强化物），但很少人真正意识到自己在这么做，反而常用迷信说法解释这种现象。其实这种现象一点都不神奇，全是运用"操作制约"的结果。

虽然负强化很有效，但请牢记：每次使用负强化时，同时也使用了处罚。当拉紧左边缰绳，在马儿转向左以前，向前直走的行为即不断受到处罚。而且滥用负强化和厌恶刺激也可能导致莫瑞·西德曼（Murray Sidman）博士所谓的"附带作用",也就是因处罚引起的不良副作用(请见第四章)。

抓准强化物出现的时间点

前面已提过,强化物必须和想改变的行为一起出现。强化物出现的时间点本身就是信息,它告知学习者你喜欢的行为究竟是什么。 在动物试图学习的当下,强化物想传达的信息会比强化物本身更重要。 运动员或舞者受训时,教练喊出"对!"或"很好!"可立即标定当下的正确动作,给予对方确实需要的信息。 若等回到更衣室才进行事后检讨,则无法产生作用。

强化时机过晚是训练生手最大的问题。 例如当狗儿坐下来,在主人说出"好乖!"时,它正好又回到站姿,这么一来,到底哪个行为被"好乖"强化呢? 是站着的行为! 每当你发现训练出现问题时,第一个该问自己的问题便是强化时机是否太晚。 如果你在训练某人或动物时忙得无法分心留意,这时请人帮忙观察,看看自己强化的时机是否太迟,这将会大有帮助。

我们强化他人的时机往往太晚,"亲爱的,你昨晚看起来美极了!"这句话的效果与当下实时赞美的差别很大,迟来的强化甚至可能有适得其反的效果("怎么,我现在难道不美吗?");然而对于为时已晚的补偿性的话,我们却常常寄以厚望。

过早给予强化也可能很没效率。美国布隆克斯动物园（Bronx Zoo）的管理员曾对大猩猩十分头疼，他们必须让它进入户外栏舍才能打扫室内栏舍，但是它老是喜欢坐在进出口，力大无穷的它可以挡住滑门，阻止门关上。当管理员把食物摆在户外或以香蕉诱引它时，大猩猩不是不加理会就是抢了食物再赶在门关上前回去挡门。他们请了动物园里的一位训练师处理这个问题。这位训练师解释，"挥舞香蕉"及"丢入食物"是企图以"贿赂"来强化一个尚未发生的行为，但真正有效的解决办法是当大猩猩坐着挡门时不予理会，只要它自己到户外时便给予食物奖励。问题就这么解决了！

家长有时也会误以为自己是鼓励小孩，事实上却太早给予强化（"好孩子，就是这样，你'几乎'做对了！"），因而可能强化了努力的行为，"努力"去做某事和"实际"做到某事是不同的，有时候小孩哭喊着"我做不到！"或许是事实，但是它也可能是努力行为受到过度强化的症状。一般而言，在行为出现前给予礼物、承诺、赞美或任何东西，完全无法强化这个行为，因为受到强化的是强化物出现当下的行为，也最可能是要求强化物的行为。

进行负强化训练的时机也很重要。马儿学习到当左边缰绳拉紧时向左转，但是在它左转后必须不再拉紧缰绳，这个停止拉扯的动作即为强化物。在上马后踢踢马腹，马匹往前走了，便不该再继续踢（除非你要它跑快一点）。新手骑士常会不断踢马，仿佛得不断踩油门马儿才会跑，但对于马儿而言这个动作并不具信息，因此马术学校里有"铁腹马"之说，有的马无论骑马的人踢得多急，它们仍以牛步行进。

同样的反应也出现在常遭父母、老板或老师唠叨责骂的人身上，负强化物在期望结果达成时如果没有立刻消失，它将不会有强化作用，也不会传递任何信息，唠叨责骂不但只能成为名副其实的噪声，也是信息论（information theory）中谈到的"噪声"。

我观赏足球和棒球比赛的电视转播时发现，球员被强化的时机总是准确无误，这让我印象深刻。在球员跨过本垒达阵的同时，观众立即爆出欢呼声，而且一旦得分或确定输赢，仔细看看那些球员彼此热烈强化的动作。这对演员来说却相当不同，尤其是电影演员。即使是在舞台上演出，仍然得等到谢幕才能获得掌声，而电影演员除了偶尔从导演、摄影师或工作人员得到响应外，他们获得的强化全都错过了时机，影迷的信件和好的影评在数周或甚至好几个月后才会出现，这与洋基球场爆出轰天欢呼的情形比起来显得逊色无趣。他们工作起来可能特别缺乏成就感，即使有很不错的强化物，但获得的时机总是"太迟"，也难怪常有一些明星近乎病态地喜欢谄媚奉承和追求刺激了。

强化物的大小

刚开始利用食物来强化的训练新手常搞不清楚食物强化物应该多大，答案是尽可能越小越好，强化物越小，动物就能越快吃掉它，这不但可以减少训练者等待的时间，而且每次练习时还可以增加强化物的使用次数，不会让动物一下子就吃饱吃腻了。一九七九年，我担任华盛顿特区的美国国立动物园（National Zoological Park）的顾问，教导动物园员工使用正强化技巧。在训练课程上，有位管理员抱怨自己的熊猫训练进展得太慢。我认为这不寻常，像熊猫这种贪心又活跃的大型动物以食物作为强化应该很容易训练。我在观察过一回训练后发现，这位管理员虽然已缓慢塑造出熊猫的动作，但是问题出在她每次给予熊猫的强化物竟是一整根胡萝卜，熊猫好整以暇地享受每根胡萝卜，在管理员宝贵的十五分钟训练时间里它只得到了三次强化物（而且它也难免吃腻胡萝卜了）。如果改成每次只给一片胡萝卜的话，情况将好得多。

一般来说，一小口强化物就足以让动物保持兴趣，对鸡而言是一两粒玉米，对猫来说是半公分的小肉块，对大象则是半颗苹果。如果是特别喜爱的食物，分量甚至可以更少，例如喂给马儿一茶匙的谷子。美国国立动物园的管理员甚至只用葡萄干便训练北极熊做出许多有用的行为

（例如依指令移动至另一个栏舍）。

训练的基本法则是，如果每天只训练一次，在满足每日给食份量的四分之一前，动物的训练反应都会很好，等训练结束后再给它其余的份量。如果每天训练达到三至四次，你可以把平常份量分为约八十等份，每次训练用二十至三十份。八十份强化物似乎是任何动物维持学习兴趣的每日最高量（这或许是幻灯片匣最多只能放入八十张幻灯片的原因，因为每当讲师要求换第二个幻灯片匣时我总是会抱怨一下）。

行为的难易程度也与强化物的大小有关。我们在海洋世界的经验发现，要求虎鲸表演笔直冲出水面二十二英尺的高难度跳跃动作时，必须给予一条大青花鱼作为奖赏，如果只给平常强化用的两条小梭鱼，它们会拒绝表演这个动作。

至于人类，强化物的大小虽然没有一定的标准，但是有时候工作越艰难，报酬就会越大。如果我们完成了艰难工作却未获得相对报酬，那么我们肯定会痛恨不已。

意外的"大奖"

"大奖"（jackpots）是一个对动物或人类都极为有效的技巧。大奖是指非常大的强化物，甚至可能比平常大上十倍，而且受训对象没料到它会出现。我曾在一家广告公司任职，公司除了有一般的圣诞派对，大案子结案或签下新客户时也会有非正式的庆祝活动，不过董事长还有个习惯，他每年总会举行一两次突如其来的惊喜派对，可能是在某天下午三四点，他会阔步经过每个办公室，大喊着要大家停下工作、关上电话总机，接踵而至的是外卖服务人员、乐师、调酒员、香槟、熏鲑鱼和所有派对应有的东西。这些全为我们而来，而且没有特殊理由，这对五十名员工来说完全是出乎意外的大奖。我认为这对提升高昂的工作情绪有极大影响。

大奖也可以用来标定"突破性的意外进步"。以我认识的一名训马师为例，当年轻马儿首度完成一项困难动作时，他随即从马背跃下，除去马鞍和马勒，然后放它在场地里任意奔跑——给予完全的自由便是一个大奖，而这么做可以让马儿把新学得的行为保留下来。

然而，遇到动物不听话、害怕或抗拒而完全不出现好行为时，偶尔给一次大奖也可能有效改善动物的反应。我们曾在海洋生物世界进行一些由美国海军资助的研究，做法是强化海豚的新反应，但不强化过去训练过的旧有行为。研究对象是一只极少出现新反应、名为"胡"（Hou）的温驯海豚，如果它出现反应却未获强化，它就会待着不动。后来有一次训练时，它持续二十分钟没有出现反应，训练师在这时候丢给它两条鱼奖励它这个"没有反应的行为"，"胡"似乎被这个慷慨大礼吓了一跳，再度变得活跃起来，很快出现一个可被强化的动作，后面的几次训练因而出现了真正进展。

我也曾亲身体会过像这只海豚一样的经验。在我十五岁时，骑马是我人生最大的乐事，那时每张骑马券可上十次课，但我每个月的零用钱只够买一张。当时我与父亲菲利普·威利（Philip Wylie）及继母瑞奇同住，虽然他们对我很好，但正处于青少年叛逆期的我，总是一副刻薄残忍、暴躁易怒的态度。有一天晚上这两位慈爱又聪明的家长告诉我，他们对我的行为忍无可忍，所以他们决定要嘉奖我：他们送给我一张全新的骑马券，这是他们其中一人不辞辛劳地到马场购买的。哇！我完全没资格收下这样的大奖！我记得我当下便打算洗心革面，多年后在我撰写本书时，继母瑞奇确认这段记忆的确属实。

我并不完全了解这种不劳而获的大奖为什么具有如此突然又效果深远的作用，我只知道那张额外的骑马券实时解放了我心中的压抑和憎恨，我猜这便是那只海豚的感受。或许将来有人会拿它作为博士研究论文内容，向我们解释原由。

制约强化物

当动物出现你希望鼓励的行为时，你可能根本无法即刻给予强化物，尤其使用食物强化时更是如此。以训练海豚跳跃为例，当它跃入空中时我不可能马上拿鱼喂它，这么一来每次奖励它跳跃而赏它鱼儿吃的时间势必延误。但事实上，久而久之海豚终究还是会把跳跃动作和吃鱼联系在一块儿，于是跳跃动作还是会增加。只是关键在于它无法得知我到底是喜欢它跳跃的哪一点，是高度？弧度？还是水花四溅的入水动作？于是它必须跳跃许多次，才能找到我心中期望的跳跃动作是什么。遇到这种状况时，我们便可以利用"制约强化物"（conditioned reinforcers）。

"制约强化物"是指一个原本不具意义的信号（可能是声音、光线或动作），刻意让它在强化物出现之前或出现期间出现。现代海豚训练师经常利用警用哨笛作为制约强化物，这样海豚即使在水底也可听到哨音，而且训练师还可以空出双手来做手势或喂鱼。我时常使用一种发出响声的便宜派对玩具训练其他动物，这些玩具只要一压就会发出咯嗒咯嗒声。或者我也会特别选用某个称赞用语，当成制约强化物使用，例如"乖狗狗"或"乖马儿"。学校老师常使用"那很不错唷"和"非常好"等具有形式意义且谨慎运用的赞美也出于此理，学生总是会迫不及待把事情做完，等着听到这些赞美。

日常生活中的制约强化物不胜枚举，诸如我们以前总是喜欢听到电话铃响或看到信箱被塞得满满的，即便接到的电话大都很无趣或者信箱里多半是垃圾信件。因为我们从过去的多次经验学习到，电话铃响或信件到达与好的事情具有关联性。我们喜欢圣诞节音乐，讨厌牙医诊所的气味，我们在周遭摆设一些东西（照片、盘子或奖杯），不是因为它们美观或实用，而是因为它们能让我们回忆起快乐时光或亲爱的人，这些东西都是制约强化物。

讲求实效的正强化动物训练几乎都应该先从建立制约强化物开始，在进行正式训练前，要趁动物尚未刻意做出行为时，先教导它制约强化物的重要性。方法是让这个"制约强化物"与食物、拍抚或其他真正的强化物产生联结，随后你可以在动物身上看出它们是否已经理解这是你示意"很好"的信号。通常它们接收到制约强化物时会表现出停顿一下的反应，然后开始寻找真正的强化物。有了制约强化物，你将拥有一个能够真正与动物沟通的方式，告知它你到底喜欢它的哪一点行为，所以不必当怪医杜立德也能与动物"交谈"，利用这种"习得"的强化物，你也会惊讶自己可以对动物"说"出许多信息。

制约强化物的威力极大。我曾见过饱足的海洋哺乳动物为了获取制约强化物而仍持续工作，曾见过马儿和狗儿持续工作一小时以上只为了得到少许的初级强化物。人类当然也会为了钱不停工作，说穿了"钱"就是一种制约强化物，是用来买东西的代换品，而钱赚得根本花不完的人甚至特别爱赚钱，因为他们对这个制约强化物已沉迷得无法自拔。

可以联结到多种初级强化物的制约强化物将更具威

力。举例来说，动物在训练时可能不想要食物，但如果同一个声音强化物曾被刻意联结到喝水或其他乐趣，这个强化物将仍具效用，而且会更有效。我家猫咪听见"好乖"时就会看见晚餐出现、被人拍抚、得以进出门口或领取表演把戏的奖赏，于是我现在便可以轻易利用"好乖"来强化它们跳下餐桌的行为，而不必给予真正的强化物。然而，金钱之所以具有极大强化作用，或许正是因为它几乎可以与所有东西作联结，是一种联结甚广的制约强化物。

制约强化物一旦建立起来了，便必须谨慎地使用它，以免降低它的效用。骑乘我家韦尔斯小型马的孩子很快就学会了，只有在他们想强化马儿行为时才会说"乖马儿"，若只是单纯想表达对马儿的喜爱，只要不使用这三个字，他们对着马儿说得天花乱坠都没有关系。某天他们看见一名新来的孩子抚摸马儿脸颊说："你是乖马儿！"其中三个孩子立即围上去质问她："你为什么对它这么说？它又没做什么！"同理，我们应该给予子女、配偶、父母、情人或朋友很多的爱与关注，不需要在他们出现特定行为时才给予，但我们确实应该慎用赞美，把赞美当成制约强化物，只有当实际出现好行为时才给予赞美。即便是幼童，人们对于虚情假意或无意义的赞美都会很快感到厌恶，因而其不再具有任何强化作用。

响片训练

　　海洋哺乳动物训练师通常以哨音作为制约强化物，用来训练鲸豚、海豹和北极熊。凯勒·布瑞兰（Keller Breland）首度在一九六〇年代将这个训练概念引进海洋哺乳动物园和美国军用海豚训练，他曾是制约心理学家斯金纳博士的研究生，他把哨音称作"中介刺激"（bridging stimulus），因为它除了告知海豚即将获得一条鱼，也成了海豚"在池中央跳跃"（被强化的行为）和"游到池旁领赏"两个动作之间的中介连结。

　　行为分析的文献承认制约强化物具有这两个作用，不过它还有更多作用等待被发现。到了一九九〇年代，越来越多动物训练师开始使用制约操作、塑形法、正强化和制约强化物，也有越来越多的民众开始这么做，由狗儿饲主引领风潮（请见第六章）。由于狗儿饲主使用的制约强化物是一种内含金属簧片的塑料响片，他们便称这种训练为"响片训练"，而称自己为"响片训练者"。

　　响片训练者使用的响片除了是制约强化物，以及介于"赚取"和"实际获得"食物之间的刺激外，它还具有多种未获研究的功能。首先最重要的功能是奥格登·林兹利（Ogden Lindsley）博士所称的"事件标定器"（event marker）作用。响片让训练对象明确知道被强化的行为是什么，它甚至把主控权交到训练对象的身上，过了一阵子之后训练对象不再只是重复行为，而是显露出意愿："嘿！我使你按下响片了！你看看，我再做一次！"响片训练者把这种转变称为"灯泡亮了"，用以比喻浑然开窍、豁然开朗的时刻。无论对训练者还是训练对象来说，这都具有极大的强化效果。

艾伦·里斯（Ellen Reese）博士向我指出，响片训练者使用的制约强化物也是一个代表"完毕了"的终结信号。诚如训练师盖瑞·威尔克斯（Gary Wilkes）所言："响片终结了行为。"然而这一点有时似乎不太符合常理，传统训练师常对此大感吃惊，因为利用响片训练狗儿咬着哑铃不放的做法竟然是在狗儿还咬着哑铃时按下响片，这时候它便获准放掉哑铃去吃块作为奖赏的热狗了。

哲学家格里高利·贝特森（Gregory Bateson）在海洋生物世界任职数年，他主张操作制约只不过是一个用来与外星生物沟通的系统，它的确可以拿来这么用。标定信号的另一个主要功能是用来沟通特定信息。训练师史蒂夫·怀特（Steve White）警官告诉我，他曾叫他的德国巡逻牧羊犬搜寻某个被丢在六英尺高的树丛顶端的对象，那只狗在地面搜寻很久但徒劳无功，然后当它碰巧把头抬高时，史蒂夫按下了响片，那只狗立刻转而嗅闻头部高度的空气，警觉到目标对象的气味，然后开始往区域内较高的地方搜寻气味，甚至以后脚站立起来嗅闻，于是在史蒂夫没有再度出手协助的情况下，它找到了对象位置，猛跳到树丛顶取得了这个对象。

"继续加油！"

以刚刚史蒂夫在和他的狗沟通时的例子来看，他们之间的沟通有另一个特点，史蒂夫的响片声并不是作为一个终结信号，而是一个"继续加油"的信号，由于狗儿尚未发现目标对象，响片的适时出现不但强化了往上方嗅闻的行为，也让狗儿继续出现搜寻的行为。我在本书的初版中曾写道，我们可以多次使用制约强化物但不给予真正的强化物，直到最后再给予即可。我之所以这么说，是因为有时候在训练海洋生物世界的海豚出现长时性行为或连锁行为时会这么做，但是我当初写书时并没有意识到，我们事实上使用了（至少）两种制约强化物（或标定信号）：一种是正常音量的哨音，表示"这就对了！食物随后就到，过去那边取食，完毕了！"；另一种则是较轻的哨音，表示"这就对了，但是还没达到目标！"

我在一九九〇年代曾与许多响片训练新手共事，训犬类图书作家摩根·斯佩克特（Morgan Spector）称这些人为"跨域训练者"（crossover trainers），指精通处罚式训练，但正试图改用塑形法和正强化的人。当时我发现他们都很愿意按响片，但却极不愿意给食，甚至到了已经让响片意不复存在的地步。对此我必须强调，唯有遵循"按一次响片，给一次零食"的通则才能教会人们如何有效塑造行为。

不过，在许多现实状况中，有些"过渡性的强化刺激"可能非常好用，如同上述史蒂夫与巡逻犬的例子所示，另择一个强化刺激，并借由这个刺激告知训练对象"那就对了，继续加油"是个解决方法。"继续加油"的信号并不需要直接连结初级强化物，只要在响片终结声出现之前插入这个信号即可，学习者很快就可以理解到，它只是一个引领至最终强化物的信号。

接下来你便可以好好运用这个"过渡性的强化刺激"，在连锁行为当中利用它作为蕴含讯息的标定信号，不必让进行中的行为停下来。举例来说，敏捷赛中狗儿进行障碍竞速，主人必须在狗儿迅速移动之中指示它下一个障碍是什么。我曾见过狗儿在达成某项障碍后，表现出不知所措的样子，仿佛没听清楚指示，不知该穿入隧道还是跨栏，它的头在两项障碍之间来回摆动着，当狗儿朝跨栏望过去，主人大喊"没错"时，狗儿才立刻跑向正确的障碍项目。

如同最终才出现的响片声一样，这种过渡性的信号可以是任何刺激（响片、哨音、大喊一声或挥一下手），但要注意的是，这个刺激并不能只是怀抱希望的鼓励或加油打气（这么做可能使动物分心或不小心强化其他行为），它也必须是一种意义明确、精确使用的制约强化物。

习得厌恶刺激

及时发出的"习得正面信号"是告知接收者:"你现在的行为很好,将为你带来好处,所以多出现这个行为吧!"而你也可以建立"习得厌恶刺激信号"(conditioned aversive signals,或称为"惩罚物"),它告诉接收者的信息是:"你现在的行为不好,你要是不停止这个行为的话,不好的事就会发生。"

习得厌恶刺激比起威胁更为有效,有些动物——我想到的是猫咪——对于大喊大叫和责骂没有反应,不过我有一位朋友有一次却意外治好了她家猫咪爱抓沙发的毛病,事实是因为她大喊出的"不"变成了习得厌恶刺激。有一天她在厨房里失手掉落一个铸铜大托盘,正好就掉在猫咪身旁,而当托盘掉下时,她大喊"不",下一秒托盘即落地发出巨响,猫咪被吓得跳起来,全身毛都竖了起来。之后当猫咪抓沙发时,主人一喊"不",猫咪便做出一副惊惧的样子,立即停止动作,在重复两次之后这个行为便永远消失了。

训斥是生活中必要存在的一部分,以正强化作为教导的主要工具,这并不代表必要时不能说"不"(例如幼儿拿东西戳入插座时),然而,一些训练者以这种现实状况为例,认为无论什么状况,教导时经常做"纠正"是很合理的。但事实上他们犯了两个错：第一，他们似乎认为纠正的好处和正强化一样多，却没考虑到它对学习者产生的其他影响（请见第四章"处罚"）。第二，他们使用训斥和处罚，但并未建立警告信号（即习得厌恶刺激）。

要让"不"产生效果的诀窍在于必须让它成为制约负强化物（conditioned negative reinforcer）。举例来说，如果你觉得有必要使用 P 字链（收缩链），你就应该在狗儿犯错的同时说出"不"，然后在拉扯链子之前稍等一会儿，给它机会修正行为以避免处罚。如果你只是直接拉扯 P 字链但没给它警告，这个拉扯的动作就只能是纯粹沦为处罚，将无法预期它对未来行为的影响，而且这个处罚的累积效应可能会影响狗儿的工作欲望。另一个常犯的错误是，在狗儿回到位置上后依然继续猛扯链子，这使它的两个行为都受到处罚。

如果纠正式训练方法缺乏制约负强化物，实际用到厌恶刺激的机会将会增加，也将使学习速度变慢。有时候传统训练师为了获得可靠稳定的行为，必须比应用强化训练的训练师花费更多时间进行训练，也许花上数个月或甚至数年，这不只是因为他们所依赖的处罚方式会让行为消失，也因为他们使用处罚时缺少了制约负强化物，必须重复训练数百遍之后，动物才能归纳出它们应该出现的行为。

近来有一类特殊的制约负强化物颇受训犬人士欢迎，

这种"无奖励标定信号"通常是以平淡语气说出"错"这个字，意思是当狗儿表现不同行为试图猜测你想要什么时，你可以利用一个表示"那个行为不会得到强化"的信号告诉它哪些行为没用。

根据斯金纳博士对"处罚"的定义——把动物想要的事物取走，这表示当"错"这个字代表动物将无法获得强化物时，它无可避免地成为一个习得厌恶刺激，而它是否也因提供信息而变得具有强化作用呢？我在训犬界里看过一些"错"可派上用场的特殊情况。如果你的狗已经知道很多塑形完成的行为和指示信号——也就是说，它对训练极富经验——你便可以利用"错"这个口令作为要它改变行为的信号，意思是："省省力气，那么做没用，试试别的。"

要让这个做法奏效，必须符合以下条件：训练对象过去为了获得响片声而变化行为，或者它主动尝试新行为时常能获得强化的经验。使用这种必须巧妙运用的信号之所以出现问题，通常是因为人们把它用在没有经验、不明白人们想要什么的狗儿身上。这种时候，人们很容易把这个信号比照 P 字链使用：叫狗儿坐下时，它没坐下，立刻喊"错"。如果这个信号确实带有"不会获得强化物"的意义，那么"没有坐下"的行为应立刻遭到处罚。但是这并不代表坐下的行为会马上发生，事实上它的后果很可能与其他处罚一样无可预料，狗儿可能完全不再反应并低头怯怯地溜走，或者它会放弃你，开始自己寻求强化物，从而出现不当行为，例如吠叫、暴冲、嗅闻地面或抓痒，把注意力移到他处。

无法预料的奖励更具吸引力

有个广为流传的错误观念是，当开始以正强化训练某个行为时，便必须在训练对象的余生里一直使用正强化物，如果不这么做，这个行为将会消失。这个说法并不正确，事实上，只有在学习的阶段才需要持续使用强化物。你可能会经常称赞幼儿使用马桶的行为，但是一旦这个行为被完全习得，它将自行获得强化。我们应该常常给初学者以强化物，例如在教小孩骑自行车时，我们可能需要不断告诉他："这就对了，现在骑稳，你做到了，很好！"如果他已经学会了骑车而你却仍不断称赞他，这时你就显得很蠢了（小孩也会以为你发神经了）。

为了使习得的行为维持一定的可靠程度，非但没有必要每次都强化这个行为，而且极为重要的是，不可以经常强化这个行为，而要改为偶尔强化，而且是随机性（无法预测）的强化。

心理学家称这种强化方式为"变化性强化时制"（variable schedule of reinforcement），它维持行为的效果比起持续性、可预测的强化方式更好。一位心理学家曾跟我这么解释：你的新车总是很容易发动，如果某天你坐上车后把车钥匙一转，它却没发动，你就会再试着发动几次；如果还是无法发动，你就会很快判断这辆车出了问题从而打电话给修车厂。由于转动车钥匙的行为没有立即带来期待的强化结果，这个转动钥匙发动车子的行为很快便会消失。相反地，如果这是台老旧的破车，几乎很少在第一次转动车钥匙就能发动，而且通常还得花很久时间方能发动，这时候你便可能花上半个小时不断试图启动，因为这个转动车钥匙的行为长期以来一直受到变化性强化，因而能稳定维持着这个行为。

如果海豚每次跳跃都有鱼吃，那么它跳跃的动作将很快变得马虎敷衍，过得去就好。要是不被投喂鱼了，那么海豚跳跃的动作很快就会消失。不过，在它学会跳跃就有鱼吃的概念后，我现在开始只强化第一次跳跃、第三次跳跃，接着便随机强化它的跳跃动作，这个行为就会稳定维持下来。当动物没获得奖励时，它们反而会更常跳跃，期盼下次中奖的机会，而且跳跃时甚至可能变得更有活力。如此一来，我便能够选择强化较具活力的跳跃动作。

利用变化性强化时制可以塑造出较佳的表现。不过即使是专业动物训练师，有些人仍无法善用变化时制的正强化方法，这个方法对许多人来说似乎都是个特别难以理解与接受的概念。我们都知道，当错误行为停止时，我们就不必继续处罚，可是我们往往无法理解为何没有必要继续奖励好的行为或甚至不应该这么做。这其实是因为在我们想以正强化训练出进退有礼的良好行为时，我们自己也不太确定应该怎么做。

变化性强化时制的威力正是赌博的本质。要是每次投一块硬币到游戏机里就会有十块硬币掉出来，你很快就会丧失兴趣，虽然你的钱会越来越多，但是这种方式实在很无趣。人们之所以爱玩游戏机正是因为他们无法预料将出现什么：可能空空如也、可能掉下一些钱、也可能掉下很多钱。我们不在这里讨论为什么有些人会沉迷赌博，而有些人会拍拍袖子走人。不过，对于那些好赌成瘾的人来说，变化性强化的作用就是让他们上瘾的原因。

变化性强化出现的时间间隔越长，它所维持行为的效果就越强。不过，如果你想设法消除某项行为，那么把时间间隔拉长的变化性强化就对你很不利。所有未获强化的行为都有自行消失的倾向，但是如果它不时获得强化，尽管只是偶发事件——抽根烟、喝杯酒或者对不断唠叨或哀求的人稍作让步——这个行为不仅不会消失，而且事实上它可能反而被这种间隔拉长的变化性强化时制维持得更好。这就是为什么已经戒烟的人偶尔偷偷抽根烟，在一天内就可能又变回大烟枪的原因。

我们都看过一些遭配偶或情人施虐的人，难以理解他们为何依然留在这些人身边。这种爱上恶劣、毫不体贴、自私甚至很残忍的人却执迷不悔的情况，一般人以为只会发生在女性身上，但实际上这也发生在男性身上。大家都知道，这类人如果以离婚或其他方式离开恶劣的另一半，他们旋即又会找到同类型的对象而重蹈覆辙。

这些长期成为受害者的人是否具有严重的心理问题？有这个可能，不过他们也可能是长间隔变化性强化时制的受害者。当你刚开始与对方交往时，你会认为对方迷人、性感、风趣又无微不至，即使这个人日后逐渐变得难以相处，甚至对你施暴。他偶尔还是会对你展现好的一面，即使获得这些美好强化物的时光变得越来越罕见，它却成了你的人生寄托。从常理来看，这似乎是十分反常的现象，但是从训练的角度看来，却显而易见：这些美好时光出现得越少、越无可预测，它的强化作用越强大，从而你的基本行为也将越为持久。此外，也不难理解为什么曾经有过这类关系的人会再度寻求同类对象，因为他们与和善正派的正常人交往时可能就是少了那种强化物极少出现、令人渴盼、因而强化效果加倍所带来的快感。

从操纵者的角度来看，如果他想任意使唤某个人，并且让他随时言听计从，那么他只要偶尔给对方想要的东西就可以达到目的了。这的确是个极为有效的方法，但是一旦受害者理解到操纵者的强烈"魅力"至少有部分来自这种变化性强化时制，他们通常便能冷静地脱离这种关系，找寻不同的对象。

不适用变化性强化的情况

在行为习得后不应该采用变化性强化的情况只有一种，那就是当这个行为牵涉到解答问题的时候。高级服从训练要求狗儿从一堆杂七杂八的东西里找出主人摸过且带有气味的对象，每当狗儿选对对象，主人都必须让它知道，这样它才知道下次该怎么做。进行分辨测验（例如找出两个声音中的频率较高者）时，动物每次答对后都必须获得强化，这样它才能一直获知要求它回答的问题是什么（当然，这时可以使用制约强化物）。我们在玩填字或拼图游戏时，每次猜对后就会被强化，因为只有正确的字或图片才能被放入对应的空格或位置里。如果每个空位都可放入多片拼图，你便得不到因正确选择带来的正强化，这种回馈对于多数选择性测验的情境都是必要的。

如何打破"起头最难的障碍"

除了变化性强化时制，我们也可以采用"固定强化时制"（fixed schedules of reinforcements），这意味着动物只有在预定时间内持续某项行为，或者必须完成预定次数的行为之后才会获得强化。举例来说，我可以安排海豚连续跳跃，每跳完六次就强化一次，于是连跳六次的行为很快就会经常出现。但固定强化时制的问题是，连续行为当中较早出现的行为永远得不到强化，于是这些行为常会变得越来越马虎，过得去就好。以海豚跳跃为例，除了最后一次实际获得强化的跳跃动作，其他跳跃动作将趋向于变得越来越小。固定强化时制的缩减效应或许是影响人类许多任务的一项因素。以工厂装配线为例，人们通常必须工作一段固定时间才能获得强化，这与他们的工作表现优劣无关。因此，人们当然会尽量少花力气，只要足以让他们待下来就好，而且每次刚开始工作时的表现可能会特别糟。以海豚来说，偶尔随机强化其第一次或第二次跳跃对于维持行为的效果与强化其第六次跳跃一样有帮助。对人类来说，如果各式奖金、津贴或其他形式强化物（例如颁奖）与工作量或工作表现有直接关系，并且不与平常的强化物同时出现，那么它的强化效果将会更好。

无论采取固定还是变化性强化时制，都可以训练出一长串的连续行为。小鸡可以为了一粒玉米猛啄纽扣一百次以上。人类也有许多久候强化的例子。有位心理学家开玩笑地说，自人类存在以来，等待时间最久、一直未获强化的行为就是念研究生。

间隔极长的强化时制有时会因为超过极限而失效，小鸡的忍受极限与代谢有关，如果小鸡花在啄东西上的能量高于一粒玉米提供的能量，那么其啄东西的行为通常会消失，因为做这件事所获得的好处太少而变得不值得做。这种情形当然也常发生在人类身上。

间隔极长的强化时制也可能产生另一个现象。小鸡一旦开始啄东西，它就会毫不间断地持续啄，因为每啄一次将更接近获得强化的机会。不过，研究人员注意到，强化间隔拖得越长，小鸡开始啄东西的行为就会越晚出现，这种情形被称为"长时间行为的延迟启始现象"（delayed start of long-duration behavior），这是每个人在日常生活中都非常熟悉的现象。

遇到任何耗时很长的工作，无论是报所得税还是整理车库，每个人都能找出许多无法立即开始进行的理由。写作（有时甚至只是写封信）是个花时间的行为，虽然一旦着手写了通常会顺利进行，但是叫人坐下来开始写真的很难！作家詹姆斯·瑟伯（James Thurber）发现，要他开始着手写稿真的非常困难，他有时会装装样子骗他老婆（这很好理解，她当然急着要他写稿，因为这样才能付房租）。他会整个早上躺在书房沙发上用一只手看书，用另一只手随便敲着打字机键盘。将来可以获得金钱正强化物的愿景不敌这个延迟启始的现象，而假装打字的动作至少阻止了被老婆斥责的负强化物。

要克服这种延迟启始的现象有一个方法：在行为刚开始时即给予一些强化物。我有时会在海豚连续跳跃六次的动作中强化第一次或第二次的跳跃动作，也会用同样的技巧训练自己。多年来，我曾经每星期有一两个晚上要上研究所的课，三小时的课再加上地铁各一小时的来回，每次去上课都要花上很久的时间，每当接近下午五点钟，我总是出现不去上课的强烈欲望。不过后来我想出一个至少让我走出家门的办法，我把这趟路程分段，再把第一段分成五个小步骤——走路到地铁站、赶上列车、转车、搭公交车去大学和最后爬上楼梯去教室，每当我完成一个小步骤，我就犒赏自己一小块我很喜欢但平常不吃的巧克力。这个强化每个初期小步骤的做法不仅让我能够走出家门，而且几星期之后让我不再需要巧克力，心中也没有挣扎，就能够一路前去上课了。

迷信行为：意外的强化效果

现实生活中无时无刻都会出现强化，而通常都是碰巧发生的。一位研究老鹰的生物学家注意到，如果老鹰在某处树丛下抓到老鼠，随后约有一星期的时间它每天都会到该处侦察，它飞经那个特定地点的概率已经被强烈强化。如果你在垃圾桶里找到一张二十美元的大钞，我相信你隔天再次经过这个垃圾桶时，肯定会仔细往里头瞧瞧。

那个意外的强化对老鹰有利。事实上，动物行为可以说就是为了使每个物种从强化上获利而演化出来的。然而关联性也会意外产生，而且它仍可能对行为有深切影响。如果某项行为与后果其实毫不相干，但动物仍出现该行为，仿佛它必须这么做才能获得强化，科学家称此类行为为"迷信行为"。就举咬铅笔的例子来说，如果考试时把铅笔放到嘴里时正好想到了正确答案或获得了灵感，那么咬铅笔的行为就受到了强化。我上大学时，每支铅笔都盖满了齿痕——遇到特别难的考试时，我有时还会把铅笔咬断。咬铅笔有助于思考吗？当然没有，这只是个被意外制约的行为罢了。

人们出任要务时会穿上特定衣物或进行某种仪式，这些也是出于同理。我看过一名棒球投手每次准备投球前都会进行一套九个步骤的连锁动作：轻碰棒球帽、用球轻触手套、把棒球帽往前推、擦擦耳朵、把棒球帽往后推、单脚来回磨地，等等。局势紧张时，他可能还会把整套动作重复两遍，而且从来不会变动动作顺序。这套动作发生的时间相当短（球赛播报员从不曾提及这些动作），然而它却是一套极为繁复的迷信行为。

动物接受训练时也常会做出迷信行为，它可能会出现一些你并未特意要求的反应，但这些反应常被意外强化而受到制约。例如，动物可能出现它必须待在某处、面朝特定方向或出现特定坐姿时才能获得强化的样子，当你要它换地方训练或面朝另一个方向时，它的行为却难以理解地突然做不好了。想找出原因可能得花些工夫，因此聪明的做法是，在至少完成部分训练之后，随即在进行训练时改变所有你认为不重要的情境变量，以免发展出一些日后可能成为阻碍的意外制约行为。

最重要的是，要注意不经意时形成的强化间隔模式。动物和人类对时间的间隔都很敏锐。有一次，我十分确信自己已训练两只鼠海豚依信号跳跃（看我的手势），直到一位来访的科学家拿着秒表告诉我，只要每隔二十九秒它们就会跳跃一次。果真没错，无论我是否给信号，它们都会每二十九秒跳一次，我给信号的行为被意外制约得极为有规律，而鼠海豚是因为发觉了这个规律性而跳跃，并非依照我所给予的信息而动作。

许多传统动物训练师的想法及行为也都充斥着迷信，他们有些人告诉我：海豚较喜欢穿白色衣服的人，骡子一定非揍不可，熊不喜欢女性，等等。而"训练"人类的人可能也一样糟糕，例如有的人相信小学五年级的孩子一定得大声责骂不可。这类训练师受到传统的摆布，训练时每次都按照完全相同的步骤进行，因为他们无法区分哪些方法有效、哪些只是迷信。这种无能（或混淆）常见于多种专业领域——教育界、工程界、军队，特别是医学界，令人胆寒的是，极多施予病人身上的处理程序并不具疗效，它们纯粹只是沿袭或时兴的作法而已，任何住院过的病患随便想都能想到六项不必要的程序，这些程序都是迷信行为罢了。

有趣的是，单单向人指出迷信行为无效并不一定能使它消失，由于它受到强烈制约，人们可能因而为它强烈辩护，如果攻击某位医生惯用的疗法无用或甚至有害，你一定会遭到猛烈反击。我相信如果有人命令那位有九个暖身迷信步骤的投手脱掉那顶他得碰四次的棒球帽，他一定会奋力抗拒。

不过，你仍然可以去除自己的迷信行为，方法是让自己明白它与获得强化物无关。我儿子泰德（Ted）是银行家，他的嗜好是参加击剑比赛，他每个星期会抽出两三段时间练习，而且常在周末四处旅行参加比赛。有天他碰上一名很强的对手，他却因为把最爱用的一把剑忘在家中而提不起劲，当然，他输了那场比赛。后来他发现提不起劲比起那把剑更影响他的剑击表现，而且使用"最爱用"的剑其实全是迷信行为。

泰德于是开始着手去除所有他找得出来的与剑击相关的迷信行为，他发现自己有很多迷信行为：一定要穿戴特定衣物，心中深信一夜睡不好、吵架或甚至比赛时把果汁喝光了等等都可能影响比赛表现，他系统性地一一检视这些状况，每找到一个迷信行为就消除对它的依赖。现在，每次参加比赛他都能轻松自信以对，即使赛前一小时他厄运连连似地错过火车、弄丢球衣球具、与出租车司机争吵，或者穿着练习用服装和配错对的袜子、使用借来的剑也都无所谓了。

利用正强化可以做什么？

以下是我认识的人应用正强化的一些例子：

设计师朱迪（Judy）为了温故知新，每周到附近大学上一次夜间绘画课，班上同学多半也是设计师或商业艺术家。老师每周指定家庭作业，但这些专业人士有许多人根本不做作业，老师总是习惯至少花上十分钟向全班唠叨作业欠交的情形，朱迪被骂烦了，于是建议老师不要再批评不交作业的人，而改为赞美那些交作业的人。老师接受了建议，日后在课堂上公开称赞每次完成作业的学生。到了第三个星期，老师不但有一班快乐学习的学生，交作业的人数也增加了。

大学生珊侬（Shannon）到朋友家中拜访，却遇见朋友为了帮家中的德国牧羊犬的耳朵上药，四个成年人企图协力抓住它，不让它挣扎乱动，却徒劳无功而且还有些危险。珊侬并不特别爱狗，不过她学过正强化，她从冰箱拿出一些干酪，五分钟之内狗儿被她训练得安静不动，她一个人轻松完成给狗儿耳朵上药。

有位年轻女子嫁了一名男子，结果她的先生爱指使人又很苛刻，更糟的是，她同住的公公也是一个样儿。这名女子的母亲告诉我这则故事，她第一次造访时看到自己女儿的遭遇甚为惊恐，但她女儿说："别担心，妈，等着瞧吧！"她的做法是遇到命令和苛刻言词时尽可能不予反应，但两人之中任何一人出现和颜悦色或体贴倾向时即马上作强化，给予认可及热情。一年之内她已使两人改头换面，成为亲切和气的好男人。现在他们都会带着微笑欢迎她回家，而且都会马上起身帮忙拿杂货。

有个初二女生住在都市里，她喜欢周末带狗到乡间散步，可是她的狗经常跑走，召它回来时它又常拒绝回到身边，尤其到了回家的时间更是如此。某个周末她开始这么做：每当狗儿东跑跑西跑跑，然后自动跑来找她时，她便对它使出浑身解数，称赞它、拍拍它、像对婴儿般对它叽叽呱呱讲话、抱抱它等，等到回家的时间到了，她叫狗儿过来，它便很高兴地回来了。女孩以盛大的仪式欢迎狗儿，这个强化物显然胜过狗儿平常拖延时间所获得的自由，从此它去乡间散步不再出现问题。

一名初级行政人员有个恐怖暴躁的上司,他从自己工作内容当中找出了一些可能强化上司的地方(例如拿文件请他签名),并且尽可能挑选上司不在气头上的时间找他,渐渐地,这位上司变得和气,后来还开始讲起笑话。

有些人发展出的强化物极为特殊,使得他人一心设法获得这种强化。安娜特(Annette)是一名住在郊区的家庭主妇,孩子都长大离家了,如果她没有一群朋友经常打电话来分享消息,她几乎与世隔绝。这些朋友不一定是邻居或亲戚,许多人是住在远地的忙碌的职业妇女,我就是其中之一。我们为什么都打电话给安娜特呢?当我们有坏消息(例如感冒、遇到国税局查税或者保姆要搬走了)时,安娜特会安慰我们,给我们忠告,不过这些都是朋友应该做的事,她的过人之处在于,当我们有好消息时,她会特别强化,如果你告诉她银行批准了你的贷款,她不会只说"太棒了",而是会特别指出你做了哪些努力,为什么你受之无愧。她的回应可能是:"你看吧,记得你以前为了维持良好信用有多努力吧!还记得你千辛万苦解决了电话公司的问题,还申请了一张航空卡吗?现在一切都值得了,你被评为好的生意人,不过那时你得先做出正确的行动,你也确实这么做了,我真是为你感到自豪。"哇!这不仅仅是认可而已,这是"强化"唷——而且她强化的是过去所作的努力,即使当时只觉得那真是场磨难。安娜特不会把好消息归类于"好运",她使它转变成强化他人的机会,当然也强化了大家想打电话给她的意愿。

团体中的强化

业务代表大会、家长会、卡内基课程或减肥中心,这类开授自我成长集体课程的机构其实大多非常仰赖集体对个人的强化效果,掌声、奖牌及颁奖仪式等集体嘉奖形式是很有效的强化物,有些做法还相当异想天开。 以前有一位 IBM 业务主管希望强化手下业务团队的年度表现,于是他雇用了挤满一整个足球场的人,为员工、高级主管和所有员工家属举行一场盛大派对,他让所有业务代表从球员出场的地方跑进球场,分数板上闪动着他们的大名,由全场群众高声欢呼迎接。

我上过维尔纳·艾哈德(Werner Erhard)的"艾哈德研讨会训练课程"(EST),这门课程有些吹擂自我的推销意味,但是从训练的角度来看,我发现它设计得很巧妙,经常高明地运用塑形及强化原则。 我认为它的名字"训练课程"取得很贴切,带领课程的人称为"训练官",塑形的目标是认识自我,主要强化物不是训练官的反应,而是所有人表现出的非语言集体行为。

为了发展出集体强化行为,他们要求二百五十名学员在每位讲者讲完之后都必须鼓掌,无论他们是否想这么做,因此从一开始,害羞的人得到鼓励,胆子大的人也得到了奖励,而且任何人的见解(无论见解是深入还是愚蠢)都被大家接受。

起初大家的鼓掌只是义务性质,但它很快变得具有真正沟通意义——它不同于戏院里的掌声,并不是用来表达欣赏程度,而是表达不同程度的感受和意义。 举例来说,我那次上课的学员里有名好辩的男子,我想每次的 EST 课程都会有这样的人,他经常从训练官的话里挑语病,到了第三或第四次时,训练官开始回嘴,其实大家都看得很清楚,从逻辑来看这名男子说得一点也没错,但是随着他们吵得越来越久,早已没人在乎谁对谁错,其余的二百四十九位学员都只希望他闭嘴坐下。

这里的规则——其实是塑形法的原则——并不允许我们提出抗议或叫他住嘴,但是他逐渐意识到周遭一片寂静,我们看着他渐渐领悟到没人在乎他的对错,当"对"或许并不重要时,他变得结结巴巴,慢慢地闭上金口坐了下来,所有人立刻爆发出满堂掌声,表达大家赞同、谅解及全然放松之意——这对他刚刚的体悟是极为有效的正强化。

在这种训练过程中，真正重要的是行为，因此不需要言语，但要向局外人解释这种训练常常极为困难。艾哈德像是禅学导师，常以格言开示，以上例来看，艾哈德的课程格言是："当你是对的，你就是只是'对的'而已。"意思是，你不一定有人爱，也不一定人很好，你只是"对"而已。如果派对上有人高谈阔论、举止夸张，而我引用这句格言，上过艾哈德课程的人可能都会大笑——事实上，任何一位好的现代训练者可能都会大笑，不过多数听到这句话的人可能会以为我是傻瓜或喝醉了。好的训练概念并不一定能用言语解释清楚。

别忘了强化自己

强化式训练还可以应用在自己身上，我们常忽略这个做法。我们往往很容易对自己过于严苛。一位我认识的牧师说："我们很少人为自己设下容易达成的低标。"于是我们经常连续多日忙碌无休，事情一件接着一件做，从不留意或感激自己。事实上，除了改变习性或学习新技能时可以强化自己，每日生活的努力也应该获得一些强化。我认为缺乏强化物是导致焦虑和沮丧的因素。

你可以利用健康的方式强化自己：给自己一小时的假去散步、和朋友聊天或读一本好书。或者也可以利用不健康的方式，比如抽烟、喝一杯威士忌、大吃一顿、通宵玩乐等等。

我很喜欢已故美国女演员露芙·高顿（Ruth Gordon）的建议："演员极需要赞美，如果我撑过了一段没有赞美的日子，我就会自我赞美，它的效果一样很好，因为至少我知道这个赞美是真心诚意的。"

第二章

塑形法：不打、不骂、不施压的训练法

什么是塑形法？

强化动物已经出现的行为，让这些行为更常发生是很好的，但是训练者要怎么做才能使动物做出那些它们可能永远都不会碰巧出现的行为呢？怎么做才能让狗儿后空翻，或者让海豚跃入圈内呢？

狗儿后空翻、海豚跳圈或人类投篮都是经过塑形的行为。塑形法（Shaping）是指把一个倾向于正确方向的小行为慢慢进行调整，每次只改变一点儿，朝最终行为目标推进，这个过程有个专有名词——"连续渐进法"（successive approximation）。

生物行为并非一成不变，因此塑形法才有可能进行，不管动物的行为是什么，甚至有时这个行为在某些方面的表现可能较强烈有力。因此，无论你希望塑造出的终极行为多么复杂或困难，你都可以利用它目前已出现的行为作为第一步，再一步步建立过渡行为。举例来说，假设我想训练鸡"跳舞"，起初我可以先观察鸡的动作，等到它每次刚好往左移动时便作强化，很快地我的第一个目标就能达成——鸡变得常往左方移动,虽然它的动作不一定每次相同,有时只移动一点,有时做很大的移动动作。 接着,我会选择性地强化较大的往左动作,例如强化它转了四分之一圈。 当这一动作成为最常出现的反应时,我可以把强化标准拉高,设定新目标,开始选择强化鸡转半圈或半圈以上的行为。 等到鸡被塑形到为了一个强化物可以快速转完很多圈时,我才会认定自己达成了终极目标——成功训练一只会跳舞的鸡。

我们都相当习惯塑形,也很习惯被塑形。 大致说来,养儿育女多半就是塑形的过程,无论是打网球还是打字,训练任何肢体技巧主要都是运用塑形法。 当我们试图改变自己的行为——例如戒烟、克服害羞或增进理财能力——时,我们也常常运用塑形法。

是否能够成功塑造自己或他人行为的关键,不在于我们多么精通塑形法,而是我们有多坚持。 已故《纽约时报》乐评人哈罗德·肖恩伯格(Harold Schonberg)提到一位不算杰出的欧洲指挥家,这位指挥家为了音乐会会要求乐团排演一整年,从而演出极为美妙的音乐。 因此,几乎是任何事情,只要投入足够的时间,我们多数人都能略微精通。

但这么做实在很无聊,无论滑雪、弹钢琴还是其他事情,我们不都想要尽快学会吗? 我们当然都想这么做,这时候便需要好的塑形技巧了。 此外,我们不都也比较喜欢避免或尽量减少重复练习吗？ 没错，有些肢体技巧当然需要重复练习，因为肌肉的"学习"速度很慢，必须不断重复动作，这些动作才变得容易。 虽然如此，但设计完美的塑形计划可以让练习次数减到最少，让每次的练习都有实际成效，从而大幅加速训练进展。 对于运动、演奏音乐或其他发挥创造力的工作，你可能期盼能水平一致地演出，也可能希望自己或自己训练的人尽可能展现最精彩的表演，所以正确运用塑形法是不可或缺的。

方法重要，原则更重要

塑形法分为两个层面："方法"——各阶段发展出来的行为和发展出这些行为的步骤，以及"原则"——行为被强化的理由、强化方式及时间点的依循原则。

多数训练者、关于训练的图书和训练人的老师都只重视塑形"方法"，比如"照图示把双手放在高尔夫球杆上"，"瞄准目标之前先将眼睛对准来复枪上的瞄准孔"，"以顺时针方向用打蛋器打蛋"……这么做确实很不错，通常这类方法都是由许多人多年的试错而总结出来的，所以它们一定管用。 骑马时把脚踝放低，就可以坐得更稳；打高尔夫球时，若能塑形出不错的送杆动作，你的球也许就能飞远一点儿。 若你有兴趣学习某项技能（或技巧），我极力鼓励你尽可能找出训练这项技能（或技巧）的所有方法——你可以通过图书、老师和教练，也通过观察研究他人。

不过，千万不要忽略塑形法的"原则"层面，有效训练不只要用好方法，还要用好的塑形技巧。依照原则控制何时提高要求、何时放松要求、如何以最有效的方式提高强化标准、遇到困难时如何解决，最重要的一点或许是何时应该停止训练。这些问题一般都由训练者或教练凭直觉和经验判断、随机去做或完全靠运气。然而能否成功运用这些原则，便成了"胜任教学"与"教学优越"的差异所在，也是塑形过程是令人愉快、迅速且成功的还是令人沮丧、缓慢且无聊生厌的差异所在。

塑形法的十大原则

塑形法有十大原则，有些原则源自实验证实的心理学法则，有些原则据我所知甚至从未被正式研究过，但任何塑形经验丰富的人都会自然而然认为它们很合理：当你违反其中一项原则时，你通常都会知道（虽然往往晚了一步）。

1. 逐渐提高强化标准的幅度不可过大，这样训练对象才有不断被强化的机会。

实际应用这个原则时，它意味着当你提高行为标准时，你应该把要求定在动物可以达到的行为范围内。如果你的马匹能够跳过两英尺高的障碍，有时还高出一英尺，你便可以试着把一些障碍调高到两英尺半，但是把所有障碍都调高到三英尺就是自找麻烦。虽然动物有能力做到，但是它还无法经常出现这个行为，如果把障碍调高到三英尺半，自然会导致彻底失败。

无论现在还是未来，调高强化标准的快慢与动物的实际能耐无关，不管它是否是一匹能跳过八英尺的长腿大马，也不管它是否能经常跳过四英尺高的牧场围栏，调高强化标准的快慢与你通过塑形过程达到的沟通效果有关。如果动物清楚你的强化原则，你就可以早点调高标准。

每次调高强化标准时，你便改变了规则，所以你必须让训练对象有机会发现：虽然规则改变了，但只要它多费点儿劲表现，仍然可以轻易获得强化物，而且继续维持旧标准的行为有时已经不管用了。然而，它只有在达到新的强化标准时获得强化，才能够学会这一点。

如果你把强化标准调得过高，要求它出现超乎过往能力的行为——不管它自己平常是否出现这个行为——你都是在冒险。因为它的行为可能因此完全瓦解，它在跳跃过程中也很可能学会不良习惯，例如临阵拒跳或撞掉跳杆，你必须耗时费力才能根除这些不良习惯。所以塑造行为最快的方法——有时也是唯一的方法——就是在调整强化标准时，调高幅度必须很容易让动物持续进步，即使每次进步只有一点点。持续的进步仍然比强求快速进步或可能失去所有良好表现的冒险做法，更能快速达到你的终极目标。

我曾经见过一位父亲犯下这种严重错误。他青春期的儿子功课很差，于是他没收了儿子最爱的机车，说等到儿子功课变好了才会还给他。他儿子真的因此努力念书，功课日渐进步，从不及格进步到及格，又从及格达到了良好。但是，这位父亲不但没有强化儿子的进步，反而认为儿子进步不够，继续禁止他骑车。这个突然提高标准的要求太难实现了，最后他儿子完全放弃了念书，而且变得非常不信任人。

2.每次只针对行为的某项特性进行训练，不要企图同时塑形两项特性。

我的意思并不是指在同一段练习时间内不能训练多种不同行为，这当然可以。在任何一种课程里，我们可以先练习动作，然后再练习速度。以网球练习为例，我们可以先练习反手拍，然后再练习正手拍，最后再练习步法及其他，这么做可以减少单调无聊的情形。好的指导老师会一直变化练习项目，当一项有些进步之后就换到下一项。

不过，在训练每项行为时，你应该每次只针对一项强化标准作练习。假如我想训练海豚溅水，这次因为它水溅得不够高而不给强化物，下次又因为它溅错方向而不给，那么海豚将因此无法领悟出我到底希望它做什么。一份强化物无法传达两种信息，我应该先对溅水的高度进行塑形，然后再针对溅水的方向（不管溅水的高度）进行塑形，直到它学会了溅水的方向。等到两项强化标准都能个别达成之后，我才能要求它同时达到这两项标准。

　　第二条原则有很多可以实际运用的地方，如果一件事可以分解成个别的小单元，然后再针对每个小单元各自塑形，那以学习的速度将会加快许多。以高尔夫球的推杆进洞为例，这个动作取决于球推出后的适当距离，不可太短、不可从洞口经过或跳过，而且推杆的方向必须很正确，没有偏向洞口的某一边。如果想教自己推杆，你或许可以在草地上拉起一条几英尺长的胶带，先练习从两英尺处推杆，让球压过胶带就停下来，再从四英尺、六英尺、十英尺处推杆，依此类推；你也可以把胶带贴成一圈，从一定距离练习瞄准圈圈推杆，再逐渐把圈圈缩小，直到能够稳定打中非常小的目标物为止。等到自己对推杆距离和方向控制技巧都很满意时，再合并两项同时练习，先使用大目标物并变化距离，然后缩小目标物并改变距离，直到能够从不同距离打中小目标物为止。最后加入新项目的强化标准（例如往上坡推杆），但是每次只加入一个。

　　如果你投入的心力够多，以及个人的眼手协调够好，那么你的推杆技巧会变得很棒甚至技艺超群。任何打高尔夫球的人只要按照这种单一目标的塑形计划练习几个周末，他就会有很大的进步，这种方法好过整个夏天漫无目标地练习，只期待每一球刚好打出适当距离和方向。

　　我们学习技能时经常遇到无论练习多少似乎都无法进

步的情形,其实原因在于我们老想一次同时修正很多地方,这样的练习并没有塑形作用,而且一直重复动作或许能够进步,但也可能轻易强化错误的地方。你必须思考:这个行为的特性是否不只这一项? 能否把这个行为分解成更小的动作,再依各项特性个别训练? 当你注意到这两件事,许多训练的问题自然会迎刃而解。

3.进行塑形时,先"变化性强化"目前符合强化标准的行为,然后再提高强化标准。

许多人自始至终就反对在训练时使用正强化物的概念,他们认为这么一来,他们可能一辈子都得给零食才能获得好行为。 但事实正好相反,利用强化物的训练方法其实可以使你解脱,不再需要时时留意这个行为是否发生,这是"变化性强化"发挥的作用。

变化性强化的意思是指,一个行为有时会被强化,但有时不会。 当我们教导行为时,我们通常采取无变化强化时制,意思是我们强化所有符合要求的行为。 但是,如果我们只是想要维持行为的出现,我们偶尔才会给予强化。例如,一旦建立起分担家务的模式,你的室友或配偶回家后可能会顺便去拿干洗衣物,不需要你每次都给他/她强化物。 但是,遇到你生病或天气不佳让他/她特别多跑一趟时,你便可能需要表达一下谢意。

然而,当我们利用厌恶刺激作训练时(多数人刚开始训练时都会这么做),我们通常会学习到一个原则:每当动物出错或行为不佳时务必进行纠正，如果不这么做的话，它的行为就会越变越糟。许多狗儿在被牵引绳牵着时，可能会因为害怕受到猛抽的处罚而表现得很乖。但是，只要主人一放开牵引绳，它们的行为就变得极不稳定。许多青少年和朋友出去时会做一些不敢在父母面前做的事，这是因为他们完全明白在什么环境下处罚不会出现，这就是"阎王不在，小鬼作怪"的道理。可是这也是以厌恶刺激作训练时的副作用之一，既然处罚意味着"不可以这么做"，缺乏厌恶刺激的意思就是"现在可以做了"！

相反地，正强化的训练方法不仅不必一辈子强化每个正确反应，而且在学习过程中还必须偶尔忽略反应不做强化。为何会如此呢？

塑形法的重点在于选择性强化某些反应，如此一来动物的反应才会一点一滴地改善，直到达到新目标。所有行为都非一成不变，当预期出现的强化物被跳过时，接下来出现的行为将会有些不同，因此偶尔省去强化物的做法可以让你挑选出表现较强烈或较佳的反应。这种做法称为"区别性强化时制"（differential schedule of reinforcement），也就是只选择某类反应做强化，例如强化符合较快、较长或面朝左等等要求的反应。

但是对经验不多的学习者而言，他原本一直能够获得预期的强化物，现在却突然得不到了，这个情况可能让他大感吃惊。例如，你的幼犬坐下来，你按下响片就给零食，它坐下的动作越来越迅速，也出现越来越开心的样子——"你看！我坐下了！按响片吧！"突然间，有时候坐下却不管用了！如果你的幼犬尚未学习接受偶尔不会出现强化物的状况，那么它很可能会失望地放弃，或者退步到原来表现较差或较为迟疑的反应。

虽然讨论行为学习的教科书并未提及这个做法，但如果你正训练一个毫无经验的学习生手，那么你在开始挑选更强烈或更佳的反应之前，最好事先刻意教导它学习容忍强化时制的小小变化。这种办法将会很实用。你的训练对象必须能够容忍你偶尔出现的"失误"，才不会完全不反应。或者以专业术语来解释，这代表你必须先建立起变化性强化时制，然后才能借由区别性强化时制强化较佳的表现。

一九九〇年代时，我在训犬讲座里把变化性强化时制（短期使用的间歇性强化时制）称为"买一送一"（twofers，百老汇行话）。我的做法是让狗儿做两次动作，例如让它以鼻子碰目标物两次之后，才按响片给予奖赏。这样做可以让动物学习容忍间歇性强化时制，让当前行为及日后的其他行为更不容易消失。

在学习阶段短期使用这种间歇性强化时制有另一个好处。如果你的训练对象能够容忍偶尔不给予强化物的情形，那么当你不强化某个原本足以强化的行为时，学习者不但会重复这个行为，而且第二次的行为很可能会更为强烈。"嘿！ 我做到了，你没看到吗？ 你看，我又做了一次！"这个加强后的行为称为"消弱突现"（extinction burst），这种方法可以让你更快达到目标行为。 精通塑形法的人为了激发更不同或更强烈的反应，甚至会刻意不给予强化物。 犬类行为学家盖瑞·威尔克斯称此技巧为"借机利用消弱突破"。

当训练对象学习到强化物跳过一次没给并不代表行为做错了，只是代表它可能需要再试一次时，塑形过程便由连续强化时制（continuous reinforcement，新行为刚出现时使用）转为区别性强化时制（挑选更好的动作、更长的时间、更快达成行为的反应，等等），然后再转回连续强化时制（当"完美"行为出现时，专有名词称此为"符合强化标准"的行为），这时已没必要故意采取间歇性强化时制，因为训练对象已经能够忍受变化性强化时制了。

最后，当行为的各项特性都达到满意程度时，它通常已经变成动物能够自然出现的行为之一。 你可以要求这个行为成为其他更复杂行为的一部分，把标准动作、速度和距离等都融合成一个大行为，比如参加赛跑、执行任务或进行每日活动。 这个大行为就成为受到强化的行为，这时你可以将它转为间歇性（或维护性）强化时制，只要偶尔单击响片或说声"谢谢"即可维持行为的流畅表现。 高频率正强化方式（训练之初可能经常按响片给食的频繁动作）这时就可保留起来，等到训练新行为时再行运用。

4. 在针对某项行为特性采用新的强化标准时，暂时放宽其他特性的旧有强化标准。

假设你正学习打回力球，每次都能成功地把球打向目标方向。接着你想练练球速，但是当你用力挥拍时球就乱飞。这时候，你先别理会球的方向，只要用力挥拍就好，在你拥有一些控制球速的能力之后，球很快就会恢复正确方向。

学过的东西不会被忘记，但是处于吸收新技能的压力下，原来已学习很好的行为有时会暂时瓦解。有一次我在某歌剧的首次着装预演时，看见指挥家因为合唱歌手连连唱错而大发雷霆，他们好像全然不记得自己辛勤练习之后的歌唱成果。其实，这是因为他们这是第一次穿着厚重戏服、站在梯子上，而且必须边动边唱。适应新要求的过程会暂时干扰先前学成的行为，等到预演快结束时，他们的音乐学习能力又重现了，并不需要有人从旁指导。海豚训练师称这种现象为"新水池症候群"（new tank syndrome）。当海豚移入新水池时，你可以预期它会"忘记"所有它知道的行为，直到它"吸收"了这个新刺激为止。在新情境下，你如果因为训练完成的行为出错而苛责自己或他人（或其他动物）时，那么这便是很糟的训练方式了。这是非常重要的概念，通常此类错误可以很快自我更正，但是斥责容易导致情绪不安，而且人有时容易被聚焦在错误上头，这使得错误更难改掉。

5. 永远抢得先机。

进行行为塑形时，必须事先完善整个行为塑形的过程，这是为了确保当动物突然大幅进步时，你仍知道下个要强化的动作是什么。我曾经花了两天时间塑形一只刚捕捉到的海豚跳过一根高出水面几英寸[①]的横杆。当这个行为训练得很好之后，我把横杆调高了几英寸，它不但立刻跳了过去而且轻而易举。很快地，我把横杆越调越高，这只刚学习跳跃的动物在十五分钟内就能跳到八英寸高。

这类"突破性"的塑形表现随时可能发生，我们在人类身上当然也能看到这种现象，在许多高智商的动物身上也不例外。我相信这是一个内在觉醒的例子，人或动物突然对自己被要求出现的行为恍然大悟（以上例来说，是跳得更高一点儿），于是便照做了。虎鲸以能够达到塑形目标的能力而闻名，虎鲸训练师开玩笑地说："只要把行为写在黑板上，再把黑板放在水里，虎鲸就会按表上课，完全不需要训练它们。"

当训练动物突然出现大幅进步时，训练者可能会因此而措手不及。原本打算要从 A 行为训练成 B 行为，可是动物只经过两次强化就突然表现出完美的 B 行为，这时训练者心中最好已经有个底，知道接下来要做 C 行为和 D 行为，否则你会不知道接下来要强化哪个行为。

---

① 1 英寸约等于 2.54 厘米。——编者注

对训练对象而言，行为的突破常是件令人兴奋的事。动物似乎也很喜欢"啊！我知道了"的感受，而且它们常会冲来冲去，表现出兴高采烈的样子。因此，行为出现突破之时就是取得大幅进步的黄金契机。如果自己未做好准备，不知道接下来该做什么，那么就会使动物一直维持在低水平的表现上。这样做除了浪费时间，最严重的伤害可能是使动物打消动机或感到厌烦，于是它将来工作的意愿就会降低。

除了一些极佳的环境，学校系统的规划目的似乎是用来阻碍儿童的个别学习。它不仅不利于没有足够时间学习的迟缓儿童，也不利于快速学习的聪颖孩子，当这些孩子的灵活思考加速学习时，他们并不会获得额外强化。这些孩子只要一眨眼就会了解数学老师所讲的东西，但他们获得的奖励可能是为了数小时甚至数周难挨的无聊时光而等待其他人一点一滴慢慢完成学习。难怪这些聪明或迟缓的孩子会觉得到街头玩耍有趣多了。

6. 塑形中途不可更换训练者。

塑形过程当中撤换训练者将冒着让进度变慢的风险，不管训练者在移交时多么仔细地讨论过强化标准。每个人要求的标准、反应时间以及期望进步的程度都会有些许差异，训练对象在适应这些个别差异之前，很可能会丧失被强化的机会。在某种程度上讲，这也是一种"新水池症候群"。

每个训练对象当然可以有多位不同的老师,由不同老师教授法文、算术或足球并不会有什么问题。 但是,他在学习单一行为时,在塑形期间(或半知半解的期间),逐步提高的强化标准最好能维持一致性,每次训练必须由同一位老师负责塑形某一个行为。 举例来说,家中若有两个孩子和一只狗,两个孩子都想教狗儿做把戏,你可以让他们去教,但是他们得教不一样的把戏,免得可怜的狗儿困惑不已。

有心向学的人即便在最糟的环境下也能学习。 美国哥伦比亚大学曾进行一项广为人知的"猿类语言"实验,它教导猿类使用美国手语的字汇及其他暗码信号,学习对象是一只名为"尼姆·奇普斯基"(Nim Chimpsky)的幼猿。 由于预算拮据及其他种种因素,这只可怜的动物在三年里经历了上百位手语老师,实验人员和学生都失望不已。 他们没有找到尼姆真正使用语言的确切证据,虽然说它显然不会造句,但是它的确学会辨认并理解了三百个以上的手语信号(名词和动词等)。 我认为,尼姆处于这种状况仍有此表现已经令人惊叹。 而且同样让人惊讶的是,一些不断转学并且历经无数代课老师的学生也能够学习——虽然这并不是很好的做法。

塑形中途换人训练应该只在一种情况下是必要的。 也就是在训练持续停滞不前的时候,若训练对象几乎没有形成任何学习,那么换人就不会有什么损失。

7.当某个塑形方法没有进展时,就改采用别的方法。

无论什么行为,只要训练者动动脑筋,塑形出这个行为的方法不胜枚举。拿教小孩游泳为例。我们希望小孩在沉入水里的时候不会害怕、很自在。有些老师在进行这个塑形任务的第一步时,可能会让小孩在水中吐泡泡;有些老师则会让他们把脸浸入水中后便马上起来;而有些老师可能会让他们在水中跳上跳下,直到他们敢跳起来再沉入水中。好的老师在训练时如果看见有个孩子对某个方式感到无聊或害怕,就会改换方式,同一个塑形方法不一定对每个个体都管用。

马戏团训练师之类的传统训练师常忽略这一点,他们的塑形方法大都经过多代琢磨、世代相传——教熊骑脚踏车就是得这样,教狮子吼就是得那样。这些传统"秘技"已被视为最好的方法,虽然有时这确实没错,但是也因它们常被视为唯一王道,马戏团表演因而老是看起来差不多。

美国广播电视名人亚瑟·戈德弗雷(Arthur Godfrey)曾到海洋生物世界录过一集节目,他邀请我到他们夫妇在弗吉尼亚州的牧场做客,参观那里的马术训练。戈德弗雷的骑术和驯马技术都很精湛,并且拥有多只表演用马匹。我们观看一匹马儿以传统方法训练"敬礼"(弯折一只前脚,前半部身体往下趴)的过程。他们动用了两名男子,使用了多次套索和鞭打的动作,马儿在这种训练之下不断被迫弯折前脚,直到它学会自行弯起前脚往下趴为止。

我告诉他们没有必要这么做,声称自己不必碰到马儿也能训练它敬礼(一种可能的方法是,在墙上放个红点,利用食物和标定信号塑形,训练马儿以膝盖碰红点,然后再逐渐把红点移近地面,如此一来为了准确碰到红点,马儿即必须折起前脚趴下才能获得强化)。这个无礼的建议引起戈德弗雷盛怒——怎么可能有这种说法!如果有其他训练敬礼的方法,他怎么可能不知道!他气恼至极,我们得把他带到谷仓外头来回走个两三趟才使他慢慢冷静下来。

令人惊讶的是,人们对于那些不管用或成效不彰的方法总是顽强坚持,他们相信,同样的方法只要多做几次就会生效。行为分析研究的先驱莫瑞·西德曼博士主张"训练时最重要的是理解训练原理,而非只是学习方法",主要理由在于,每个人都自有"方法",但是真正管用的方法都得遵循训练原理。

8. 不可无故中止训练,这么做将形成一种处罚。

这项原则不包括平常在家里临时起意(但仍具意义和成效)的塑形行为——称赞及时完成课后作业、欢迎回家的人、鼓励孩子,等等,这种非正式的塑形行为有时强化这里、有时强化那里并没有关系。然而在较正式的情况下,例如在授课或塑形动物的某个行为时,在训练时间结束之前，训练者应该专注在训练对象或课程上，这不只是礼貌或良好的自律行为，而是一种绝佳的训练技巧。当训练对象试着获取强化物时，它与训练者已有了一个协议，如果这时候训练者开始与路人闲聊、接电话或做白日梦，那么这个建立起来的协议便被破坏了，强化物停止出现并非由于训练对象犯了错。这种做法造成的伤害可能比训练者单纯错失强化好时机更加严重，它可能处罚了一些当时出现的良好行为。

当然，如果你想向训练对象表达责备之意，那么"移除注意力"会是个好方法。海豚训练师称此为"暂停时间"（timeout），可以用来纠正错误行为。比如，把装鱼水桶拿起来离开一分钟是少数几种用来对海豚表达"不行"或"错了"的方法之一，而它通常非常有效。你可能认为海豚不会有懊恼或悔悟的样子，但是它们真的有。移除注意力是很有效的工具，所以不要草率滥用或不当使用。

9. 如果行为表现越来越差，那么请回顾所有塑形的步骤。

我们都知道，在荒废多年之后再度尝试说某种语言、背诵某首诗或骑脚踏车时，会有非常不安的感觉。有时外在因素会暂时使熟练的行为消失，例如上台紧张而无法好好讲出背得很熟的演讲词，或是跌倒而严重影响攀岩能力。有时候后续学习的东西会遮蔽掉原来的学习或者与其抵触，从而导致行为混合出现的情况，例如你努力想说出某个西班牙语单词，却说出了德语。

处罚或其他不好事件的副作用有时会干扰不相干的行为。身为律师的爱犬人士摩根·斯佩克特曾提及，有次服从竞赛时，每只上场比赛的狗儿都避开赛场某个特定角落。那里藏有什么不好的东西吗？只有那些狗儿才知道答案。

有时已经训练良好的行为仍会变得很差，而且永远找不到原因。你的狗儿在服从竞赛中一向表现实出，但这次它竟然在坐下等待三分钟的比赛项目中起身，游荡到赛场外头。谁知道原因？有人在乎原因是什么吗？这时候，你需要的不是合理的理由，而是有效的解决方法。修正这类退步最快的方法不是硬碰硬，不要坚持将训练对象的行为完全恢复到你满意为止，也不要坚持它得在完全恢复后才予以强化。正确的做法应该是回想所有塑形的过程，并且很快地重新经历所有塑形步骤，到新情境（二十年后、在公共场所、在雨中等）中进行强化，每个步骤只要强化一两次就好。我们在海洋生物世界把这个技巧称为"回到幼儿园程度"，它常能在十或十五分钟内把表现不佳的行为拉回原来的水平。

考前复习功课或上台前翻翻剧本临阵磨枪正是这种方法的应用。这种方法或多或少重复了原本的塑形过程，让身心都获得复习，应用在动物或人身上都一样好用。

10. 在训练进展很好时停下训练。

每次塑形训练应该多久？答案取决于训练对象的专注力。猫咪似乎在经历十多个强化物之后就会变得烦躁，所以让它训练五分钟可能已经算是相当久。训练狗儿和马匹可以久一点。许多针对人类的训练课程大都在一小时左右，足球练习、研究生研讨会和其他不同训练则可能全天进行。

结束训练的"时机"比停止训练的"时间点"来得重要，你永远都应该在训练进展很好时结束训练。你不但应该每回训练都这么做，而且每回训练到不同阶段（将改换训练下个行为时）时也应该这么做。你应该在训练进展不错时就告一段落，也就是说，只要达成了一些进步就停手。

最后达成的行为会被记得最清楚，所以你必须确定最后一个行为是值得强化的好表现。但通常我们见到三四个好反应时（例如狗儿完美拾回指定对象、跳水员第一次完成转体一圈半动作、歌者唱好了一段难唱的歌曲），就会兴奋过头而想一看再看或一做再做，所以就一次又一次地重来，设法重现佳绩。但这只会让训练对象很快疲累、行为变差、不断出现错误，我们接着就是纠正和破口大骂，最后搞砸了训练。业余骑师最喜欢这么做，我很讨厌观看马术跳高练习，因为当马儿表现优异时，他们常常不会结束练习、见好就收，而是继续练习直到马儿越跳越糟为止。

　　身为训练者,你得强迫自己见好就收,这需要有些胆识才做得到。 你在下次练习时可能会发现,拾回、翻滚跳水或独奏的表现不但和上次练习结束时一样好,甚至表现得更佳。 事实上,当你发现训练对象的表现比上回练习结束时更好之后,你就应该立即做一些有针对性的进步强化。

　　当然,行为的塑形与不断重复操练的做法完全相反,它不但可以产生稳定的进步,而且也是一种绝对不会犯错的训练方式。 它的训练进展可能会极快。 我曾经训练一匹一岁的迷你马配戴马勒,从训练开始到结束只花了十五分钟,而且它从此不需重新训练配戴。 我的做法只是轮番塑形五个动作(往前、停步、往左、往右和往后),并且强化每个动作的进步。 要达成训练如此迅速成效的方法似乎有违常理,它取决于你是否肯放下时间压力、特定目标和要求迅速进步的训练目标,取决于你肯不肯见好就收。这种过程很像禅修。

　　你无法在每次训练时都挑在高点结束。 有时是学生付了一小时的学费,要求你必须上满一小时的课,而上完课时则好的结束时机可能已经过去。 有时是训练并不顺利,没有较好的表现,而且倦怠的问题即将出现。 此时,聪明的做法是在结束训练之前给训练对象一些一定可获强化的简单练习,让他们记得,这次练习整体上使他们获得了强化。海豚训练师常在结束困难且漫长的训练后,做一些简单的玩球练习;骑马课老师有时会玩"老师说……"或"捉鬼"游戏。但最不推荐的做法是在训练快告一段落时才开始介绍新的任务或新的信息,使训练在结束之前出现一连串表现不佳、未获强化的行为。小时候我的钢琴课总是这么结束的,非常令人丧气,以至于我现在仍然不会弹钢琴。

从训练游戏开始

即使你知道塑形的原则,也对它有所了解,但除非你自己进行塑形练习,不然还是无法应用它。塑形不是一个用口头描述的过程,而是一种非口语的技巧,是一连串必须花时间进行的互动行为,有如舞蹈、做爱或冲浪,无法借由阅读、想象或讨论而习得,你必须实际行动。

"训练游戏"是发展塑形技巧时既简单又很棒的方法。我通过训练游戏教授训练技巧,许多训练师把它当成娱乐,它也可以成为很有趣的派对游戏。

训练游戏至少需要两个人一起玩:一个当训练对象,另一个当训练者。六个人是游戏的最佳人数,因为这样每个人在玩累之前都至少有一次机会训练人或者被训练。不过人数更多的团体(例如一班学生或一群演讲听众)也可以玩起来,因为在旁观察的乐趣几乎不逊于参与游戏。

首先，先让训练对象出去，由其他人选出一位训练者并确定要塑形的目标行为。例如，在黑板上写下某人名字、上下跳动或站在椅子上，然后把训练对象请回来，告诉他要四处走动，活跃一点，训练者则以吹哨子的方式强化任何稍微接近目标行为的动作。我喜欢加上一条规则，要求训练对象至少在开头几次被强化之后必须回到门口重新来过，这样可避免训练对象一动也不动，杵在最后一次获得强化的地点。游戏中不能说话，但可以发出笑声、抱怨的哼声或做出其他情绪表现，达成行为之前不得出现任何指示或讨论。

游戏训练通常进行得相当快，以下是一个范例。我们有六个人在朋友家客厅玩这个游戏，露丝（Ruth）自愿当被训练的动物，轮到安妮（Anne）当训练者，露丝走出客厅，我们决定要她打开放在沙发旁边的一盏桌灯。

露丝被叫回客厅，开始四处乱晃，当她朝着桌灯的方向走时，安妮便吹响哨子。露丝回到"起点"（门口），然后又故意回到她刚才被强化的地点停下来，哨子没响；她随意挥动双手，哨子没响；她试探性地离开，走向恰与那盏灯的方向相反，仍然没听到哨子响；露丝开始四处乱走，等到她又朝着灯的方向走时，安妮吹响了哨子。

露丝回到门口，然后返回她刚刚听到哨响的地点，但这次她继续往前走，宾果（Bingo）！哨子响了。她没有回到门口,而是继续再走几步,当她刚好走近桌子时,哨子又响了。 她停下来,身体碰了一下桌子,哨子没响。 她把手挥来挥去,哨子没响。 她用一只手掠过灯罩,安妮吹了哨子。 露丝开始在灯罩上摸来摸去——把它动来动去、转一转、前后摇一摇——哨声都没有响。 露丝把手伸到灯罩下方,哨声响了。 露丝再次把手伸到灯罩下方,这是个非常熟悉的动作,而且也是个有目的性的动作。 她打开桌灯,安妮吹响了哨子,我们其他人立刻鼓掌。

不过即使是塑形简单熟悉的行为,有时也不一定会这么顺利。 在露丝离开第一次被强化的地点而朝相反方向走时,安妮没有给予强化是个很好的训练判断。 假如露丝接下来回到同一地点却只是站着不动,安妮可能就遇上问题了。

以下是在做训练游戏时出现较多问题的一个例子:我到一个高中班上玩训练游戏,由伦纳德(Leonard)当动物,贝丝(Beth)当训练者,目标行为是打开墙上的天花板灯光开关。

伦纳德进入教室后开始四处移动,贝丝很快利用塑形方法使他来到开关所在的那面墙。 然而伦纳德开始把双手放进口袋,在贝丝多次强化伦纳德双手在口袋动来动去的动作之后,他却一直把手放在口袋里不拿出来了。 他以身体轻撞墙壁,转身倚在墙上,甚至倚在开关上头,但是他似乎看不见开关的存在,两手一直放在口袋里没拿出来。

我在观看时心想，只要能引导伦纳德伸出一只手去摸墙，他就会注意到开关，并把灯打开。但是怎样才能让他把手拿出来呢？贝丝另有打算。当伦纳德背对墙面时，她利用哨声"捕捉"到他弯膝的动作，很快塑形出他用背部上下摩擦靠近开关的墙壁范围。这时，其他学生发出咯咯笑声，他们明白只要贝丝让伦纳德转为左右摩擦就能以背部打开开关，这个虽非刻意的动作即可意外地达到要求。但是这花了很久的时间，我们看得出来伦纳德因受到挫折而变得气恼。

玛莉亚（Maria）问道："可以让我试试吗？"贝丝以眼神询问我的意见，我点点头，同学似乎也默许。于是，玛莉亚拿出自己的哨子（自备哨子是这堂课的唯一要求），她向伦纳德挥手，示意他回到门口的"起点"，然后把一张椅子放在约离墙一英尺远、靠近开关的地方。她坐在椅子上，点头示意伦纳德开始。伦纳德很快走向他刚才被强化多次的墙壁，当他从玛莉亚身旁经过时，他故意无视她的新位置，而玛莉亚在他经过时把脚伸出来想绊他。伦纳德为了避免跌倒，把手从口袋里迅速抽出来撑在墙上。就在他手碰上墙壁的同时，哨声响了。伦纳德当场愣住，他看着玛莉亚，她则凝视着他和墙面之间的空间，以免给他任何暗示。他开始试探性地拍拍墙面，她则予以强化。他又拍了一下墙面，这次他看着自己正在做什么，玛莉亚则强化了这个行为。然后我们看见伦纳德恍然大悟地看着那个开关,所有人屏息静待。他把腰杆子挺直了一点儿,猛地把灯打开,全班则报以满堂掌声。

玩训练游戏时的每位在场人士,无论是参与者还是观看者,几乎都可以从每次的强化中学到东西。首先,训练者能学习到抓准时间点的重要性。假设"动物"朝着开关靠近了,可是当训练者吹哨子时他已转身走开,由于训练者反应太慢,就只好等下次再加油。但是现在"动物"回到起点,急急地朝着开关靠近,然后又突然转向离开,哎呀!训练者塑形出来的行为竟然是突然转向,不单是训练者,所有的人都看得到:早点吹哨子,并在行为实际发生之时吹哨有多么必要。

训练对象会发现,在以这种形式学习时多想无益,脑子想什么并不重要,只需要不断地动来动去,多让哨声出现,这样他的身体不需要自己的协助也能发现应该做什么。这对聪明的人来说,绝对是很难忍受的经验。通常他们听见哨声时会定住不动,并设法分析刚才做了什么,"不知道该做什么"和"不知道也没关系"的概念令他们大感惊惧。我和一位同侪雪莉·吉什(Sheri Gish)曾经联手训练心理学家罗纳德·舒斯特曼(Ronald Schusterman)。我们让他把双手握拳放在背后,在房里走动长达一分钟。在这么久时间里都没获得强化确实很难挨,不过他非常努力——直到所有人都同意我们把这个行为完全训练完成,全场爆出掌声（这恰是训练者的强化物，而且几乎都会自发出现）。罗纳德进行研究时曾训练过许多动物，他也曾大发厥词，说自己"无法被人训练"。但他没有意识到自己如今已被塑形出现双手握拳放在背后的行为，它已不再只是表达意见的潜意识行为。

这个例子说明的并不是加强式训练具有某种玩弄设计的特质，它显示我们惯常出现的错误假设会有何种危险——我们误以为口语沟通最为重要，而且以为如果没有语言就无法学习。非口语的学习经验对于经常以口语指导他人的专业人士（如老师、治疗师或主管等）来说，尤其有用，一旦他们亲身当过"动物"，对于那些出现塑形行为、但尚未理解该做什么而容易出错的训练对象，他们将能够心生体谅，甚至心有戚戚焉。当动物（小孩或病患）很有自信做对却猜错时，它可能会爆发挫折感及怒气。人类甚至可能因这种意外的失落而落泪，此时你就应该以耐心面对。此外，你在与成年人进行过这种非口语的塑形练习之后，如果再在现实里遇到类似教学或训练情境，你就不会轻易脱口而出指责你的训练对象（无论是动物或学生）："我讨厌！""你故意惹我生气！""你很笨！"或"你今天一定生病了！"因为双方显然都同意参与这个练习，也有意愿参与，所以不管出了什么问题，它指向的是训练，而不是训练对象。

训练游戏对专业人士的启发是它的部分乐趣（在场其

他人能同时理解到你的内心想法——你藏不住的；但是从另一方面来看，所有人虽被逗得很乐却也对你大表同情）。这个游戏的迷人之处在于它不需经验也能玩，有些人天生就是个中好手。依我的经验，最能发生直觉反应、创造力高且情感强烈的人是塑形好手，而冷静且观察力强的人则是最棒的"动物"，这可能与你的预期恰恰相反。最后，整个屋里的人会一心想继续看着塑形进行，除了训练对象，所有人动也不动，训练者也全神贯注在塑形上。只要看看他们就可以知道，塑形有如画画或写作，是一种发挥创造力的过程。除了戏剧演出，创造力极少是种集体分享的经验，单是这一点便足以让"训练游戏"弥足珍贵。

我们在海洋生物世界玩过一些难忘的训练游戏。尤其有一次哲学家格里高利·贝特森担任"动物"，由海豚训练师训练他，结果证实训练他实在是不可能的。原因不是他站着不动或想得太多，而是他出现太多不同的反应，令训练者无法招架。另一次让我觉得非常有趣的经验发生在六名职业妇女的小型午餐会上，当时我们多半互不相识，而且来自极不相干的领域。玩过两个小时的训练游戏之后，我们证实其中一位心理治疗师是很棒的"动物"，一位迪斯科舞者则是天生的塑形好手。我们离开时都更了解彼此，也非常喜欢彼此。

一九八〇年，我在纽约市布瑞利高中（Brearley School）

教过一个实验课程，训练一群高中生。我们上课时玩了训练游戏，六名想象力天马行空的年轻女生死党开始在家里一块儿玩这个游戏，她们通常两两成对地玩，塑形出诸如后退着爬上楼梯的怪异行为。我认为这些高中女孩已经成功学会了如何分析思考，她们每次塑形前后都认真做过延伸思考，而且塑形时全身心投入十六岁孩子正常出现的热情。没多久，她们开始塑形父母的行为、给予老师正强化，并且使令人讨厌的兄弟姐妹转变为有趣的同伴（做法是选择她们喜见的行为予以强化）。我从没见过任何一群人（在她们之前或自她们之后）这么快就学会了塑形技巧及其应用的可能性。

塑形快捷方式：目标法、模仿和模拟

专业训练师使用许多技巧以加快塑形速度，其中有三个可能会对你很有用：目标法（targeting）、模仿（mimicry）和模拟（modeling）。

■目标法

目标法广泛用于海狮和其他表演动物的训练，做法是先塑形动物以鼻子去碰触"目标物"（可能是棒子的圆端，也可能是训练者的拳头），然后再移动目标物，让动物跟随它、碰触它。你可以引发各式各样的其他行为，例如爬楼梯、跳起来、用后脚站立、跟随训练者、进出运输笼，等等。当我们拍拍大腿引狗儿靠近时，我们基本上就是利用目标法，这个动作似乎对狗儿有吸引作用，当它们靠近时，我们以拍抚强化这个行为。

拍拍沙发邀请别人坐在身边是一种目标法。日本旅客在高大人群间保持不脱队的方法是跟随一支高过人群头顶的领队小旗子，这也是一种目标法。战场旗帜和横布条传统上即为同一用途。目标法已经成为强化训练新领域（"响片训练"）的重要技巧，并应用在狗儿、马匹和一些动物园动物的训练上。

■模仿

有些动物尤其是鸟类天生就会模仿，人类也一样，各类年幼动物学习必备知识的方式就是观察年长者的行为，并且起而效之。心理学家常将"观察学习"视为动物具有高度智力的表现——灵长类擅长此类学习，但其他一些动物则相对较差。我认为一个物种的模仿能力反映出它的生态（即它在自然界扮演的角色），而非智力本身的高低。有些鸟类模仿行为的能力出奇地好，例如英国山雀（Titmice）能学会打开放在门口台阶上的牛奶瓶，再把上层的奶油喝掉。这个技巧通过模仿快速传遍了山雀族群，以至于牛奶瓶盖必须重新设计才行。

许多狗儿都没有很好的观察学习能力，当它们做出其他狗儿的行为时，这通常是因为它们对同一个刺激出现反应，而非模仿的结果。 相反地，被心理学家评为智商低于狗儿的猫咪大都具有很棒的模仿能力，英文通俗用词"ecopycat"（模仿者）可不是个意外。 如果你教会了家中一只猫做把戏（例如摇铃叫人开门），你就不必再训练新来的猫咪或其他猫咪，它们很可能自己就学会这么做。 猫咪甚至会模仿猫以外的动物。 有天晚上，我女儿花了一小时使用火腿块作为强化物，训练她的贵宾犬坐在一个儿童摇椅里摇晃。 在她训练时，其中一只猫一直看着她，训练结束后，那只猫自动地跳上椅子，一边做出最正确的摇晃动作，一边抬起头等待它的火腿块。 它当然是受之无愧喽！

我认为这种强烈的模仿倾向，解释了猫咪为什么老爱爬上树却下不来的情况。 往上爬的行为多少有些自发性，生物学家称之为"天生"行为。 爪子伸出脚掌，猫就飞快爬上树去了，不过爬下树时它必须以倒退方式下来，这样它下弯的脚爪才能派上用场，而这个动作似乎是种习得技巧。 我可以为此作证，因为我曾经有过亲身经验（时间是半夜，地点是梯子的最高处），塑形一只猫咪倒退下树的行为，因为我不想将来听到猫咪下不了树时的凄惨叫声。猫咪果真维持了这个塑形行为，它从此不再有无法爬下树的状况（虽然它仍继续爬树）。 我认为，大自然里的猫咪在与它母亲一起爬树时，会通过观察母亲学会转过身倒退下树。但它们由于自母亲身边被带走时的年纪往往都极小（六至八星期大），从而丧失了模仿的机会。

海豚具有模仿彼此的强烈倾向，这使得训练它们变得容易些，若要让多只海豚出现相同行为，只要先把一只海豚的行为塑形出来，然后待其他海豚试图模仿时再予以强化即可。圈养的幼海豚常常在能够进食鱼儿奖励以前即学会成年海豚所会的把戏，许多海洋生物馆的经验是让"替身"海豚在一旁观察其他海豚的表演。它们已被证实它们能够借此学会表演的动作，甚至不需强化或实际练习。对野生海豚而言，这种能够模仿其他海豚的能力显然具有攸关存活的重要性。

教导人类肢体技巧时不但可以运用模仿，而且也应该尽可能地利用。无论跳舞、滑雪、打网球还是做其他运动，让示范者站在模仿者的身旁或让示范者背对模仿者通常是明智的做法，这样做才能让模仿者用自己的身体跟随示范者的动作，不必花脑筋去想哪边对应哪边。越少花脑筋去想而且口头交流越少，模仿的效果就越好。顺带一提的是，如果你想教左撇子某项使用右手的技能（例如钩针编织），那么你应该和他（她）面对面坐着，再让这人模仿你，这样可以出现镜面影像的动作而非同侧动作。

当然，儿童行为的塑形过程主要是通过模仿，他们看见大人做什么，无论是好是坏，都会照着做。有天早上在我家附近邮局里,三个小朋友大声吵吵嚷嚷,让大家几乎无法听到其他声音。他们的母亲正排队等候办理业务,对他们吼骂了多次,才成功使他们安静下来。这位母亲随后询问邮局女局长:"你都用什么方法让孩子安静呢?"女局长给了个相当正确的答案:"你可以先试试自己轻声细语。"专栏作家朱迪丝·马丁(Judith Martin,绰号"礼仪小姐")建议,家长如果想教导孩子习得良好礼仪,在训练期间(也就是从孩子出生至其结婚),他们必须让家中其他人在进食和言谈时都表现得谦恭有礼,而且至少要装出关心他人行为及谈话内容的样子。

■ 模拟

第三个塑形快捷方式是行为模拟,意谓动手摆弄训练对象的肢体,希望对方借此来学习。打高尔夫球的人会利用行为模拟来教新手打球,比如站在新手背后,以双臂围住对方,抓住对方的球杆,然后在挥杆时一并移动球杆和对方的身体。有些教导猿类手语的人常利用行为模拟的方法,比如训练者抓着幼黑猩猩的手,把它摆在应该出现的位置或做出应该做出的动作,最后幼黑猩猩会有所领悟从而自己做出相应动作。行为模拟便是"活雕像"演出的秘密,这项马戏团表演在十九世纪末二十世纪初极为盛行,由活人和活马摆出名画或名雕像的姿态。观众最爱看的表演效果是他们宛如石像的静止演出,当灯光一亮,他们全出现了，无论是滑铁卢战役的拿破仑部队还是其他，他们的动作全如瞬间冻结般停在空中——不只人是如此，马匹也一样，脖子弯拱着，前脚在空中，好似化为石头。有人告诉我，马戏团的办法是在按摩马匹数小时后待它们完全放松时，像捏陶般让它们摆出所要求的模拟姿势，再强化它们维持姿势不动。

虽然行为模拟是广为使用的训练方法，但是我对它的成效总是有点半信半疑。在训练对象没有被人抓着、推压或被迫摆出行为的情况下，仍能出现该行为或至少试图出现该行为之前，我无法肯定他（它）学到了多少东西。通常训练对象只是学会随人摆布完成动作。被教导捡回东西的狗儿学会在被抓着时嘴巴合起来咬住哑铃，但是当训练者松手时，它便放掉哑铃。一至三岁的小孩被放在高脚餐椅上，如果有人抓着他，他就乖乖坐定，但是只要手一拿开，他就立刻站起来乱动。这种情况反而让利用行为模拟的人受到训练——把抓住对方或以手引导对方的时间变得越来越长。

人们似乎觉得只要能摆布训练对象的身体，让它一直重复同一动作，只要练习的时间够久或练习的频率够高，就能让它最终学会这个动作。这有时是对的，但是"最终"可能要等很久，而且从有人推压完成动作到自行完成动作必须有内在觉醒："啊哈！他们要我自己这么做。"这对动物来说要求甚高，而且即使你的训练对象有如爱因斯坦般聪明,你仍必须不断重复动作以期它茅塞顿开。如此运用宝贵训练时间的做法十分缺乏效率。

若想让行为模拟法生效,你得同时运用塑形法。在你让训练对象摆出姿势或做出动作时,你应仔细留意它是否出现了一点点主动开启适当行为的表现,这个细微表现便是你应该强化的行为。狗儿稍微将哑铃咬得紧一些、高尔夫球员开始顺利挥出一杆、幼猩猩的手自己动了,你就立即给予赞美,然后一边"略去"协助模拟的动作,一边塑形新的技巧。运用行为模拟和塑形法通常可以有效地训练行为,但是将两者结合才更有效,不能单单利用模拟。

特殊训练对象

你可以塑形任何动物的行为,可以塑形鸟儿,也可以塑形鱼儿。心理学家曾经塑形小婴儿以挥手动作开关房里的灯,而我也曾塑形过一只寄居蟹用螯拉扯晚餐铃铛的拉绳(秘诀是在寄居蟹漫无目标挥动螯时,只要它的螯一碰到拉绳就立刻把食物递给它——我用一支解剖用长镊子夹取虾子碎肉放入它的口器)。哈佛教授理查德·赫恩斯坦(Richard Herrnstein)博士告诉我,他曾经塑形一只扇贝拍动双壳以获取食物奖励(但他没告诉我他喂食扇贝的方法)。海洋哺乳动物训练师喜欢吹嘘自己能够训练任何动物做出它们肢体能力及脑力所及的任何行为，而且据我所知，他们的确能够这么做。

塑形练习的成效之一（尤其在训练对象有过收获良多的经验时）是它会增加训练对象的专注力，事实上你正塑形越来越长的期待时间。不过有些动物的专注力天生就不长，年幼动物（幼犬、幼猫）在练习动作时永远不该要求它们重复三次以上，过大的压力可能使它们灰心或害怕。这并不代表年幼动物无法学习，它们时时刻刻都在学习，只是每次学习的时间只能很短。我认识的一位渔船船长教会他四个月大的孙女与他击掌，小婴儿会把手掌张开热情地拍击他的手心——犹如爵士乐手击掌互打招呼的迷你版——总是赢得旁观者的热烈好评。不过他只是利用几次几近瞬间的"训练时间"就达成了训练目的。

年幼并不是影响塑形的唯一生物性限制因素，某些行为对一些物种来说十分自然，但对其他物种来说却很困难。举例来说，以嘴衔物似乎对猪很困难，但是让它们学习以鼻子推东西就很容易。多数犬种不但发展出特定长相，也发展出特定行为倾向。牧羊犬几乎不需要塑形也会牧羊，因为它已经存在所需的追踪猎物行为，它的这种能力甚至因为犬种特性而会有强烈表现。不过假如你决定塑形一只巴赛特猎犬（Basser）去牧羊，你就是给了自己一个超难的任务。有些技能在特定发展阶段比较容易学习，幼猫鼬在六星期大之前有可能变得温顺，但是过了时间就不可能。 人类一般都以为儿童学习语言比成人容易，然而语言学家最近却发现，有意愿的成人学起新语言可能比多数儿童和青少年都快。 我认为教会成人游泳是件极度困难的事，人类是天生不会游泳的极少数物种之一。 虽然你可以教会成人漂浮及正确的踢水动作，但我从没见过任何儿时没学会游泳的成人到了水深处仍能自在嬉戏。

善用记录做自我强化

那么如何塑形自己的行为呢？ 美国市面上有各类改变自我行为的计划，诸如"烟瘾终结者计划"（Smoke Enders）和"体重观测员计划"（Weight Watchers）等等。 这类计划大多数主要依据塑形法而来，通称为"行为调整计划"。它们不一定都会成功，我认为困难之处在于这些计划需要由自己强化自己的行为，但是当你给予自己强化时，它永远不会是个意外——因为"训练对象"总是知道"训练者"的意图，于是这句话变得相当容易说出："我才不在乎我的评价表上是否多放颗星星，我宁愿抽根烟。"

自我塑形行为的方法可能对有些人管用，但有些人可能必须历经三四次难挨的计划或者多次重复某方法之后才能成功。 这类人其实能够成功改变习惯或者成功戒瘾，但是他们几乎不可能第一次就成功。 类似催眠或自我催眠的方法可能对某些人大有帮助，比如某大出版社的资深编

第二章 塑形法：不打、不骂、不施压的训练法

辑告诉我，他向一位催眠师学习了戒除严重烟瘾的方法。他利用自我催眠的方法让自己放松，进入轻度催眠状态，每当他感到强烈冲动想抽烟时，他就重复诵吟"我不想抽烟"之类的祷文或咒语。对他而言，这个技巧似乎在他与烟之间"隔起了幕帘"（他自己这么描述），冲动消失后出现的轻松快感和自我恭贺行为具有强化的作用。不过实际情形是否如此，或者是否存在其他强化物的影响，我不得而知。

我撰写本书时出于好奇，尝试了一些正式的塑形计划。两个计划在课堂上教授，另外两个计划由学生进行自我监测，塑形目标分别为戒烟、学习打坐、学习控制体重和学习理财。所有计划都获得了相当成效，但是计划初始的成效不大，有些人花了超过一年的时间才达成目标。我发现进行自我强化最有用的做法就是做记录，这四个计划都利用了这一点。我需要的是可以让我一眼看出进步的记录形式，所以我使用了图表，这样我对自己犯下小错的罪恶感才能略为减轻。因为我看了图表后发现，即使出了小错，我现在仍比半年前表现得好多了，虽然要达到完美标准仍然长路漫漫，但是图表上的"曲线"仍朝着正确的方向移动。这个"看得见"的进步实证本身虽然没什么强化作用，效果也慢，但它倒是提供了足够的动机，让我在多数时候都能坚持下去。

监测自我塑形行为有个成效非凡的方法：利用计算机

做训练,在计算机程序里设计有趣好玩的强化方式,它不仅可使学习突飞猛进而且可使整个塑形过程变得很好玩。这种应用正强化原则的方式极具发展潜力。

不发一语的塑形法

在网球课之类的正式训练情境中,训练对象已经知道塑形目标是什么,而且通常愿意配合参与,因此你不必花时间等候反应出现再予以强化,你可以利用言语激励行为的发生:"这么做,很好! 现在再做一次,很好!"

然而在日常生活的非正式情境之下进行塑形的话,最好别给任何口头指示或进行任何讨论。 假设你有个生活习惯不好的室友,他老把脏衣服丢得到处都是,而且口头告知(骂他、求他或以其他言词)都宣告失败,这时还有办法塑形他养成整洁的习惯吗? 有的。

你需要拟定一个塑形计划,列出达成目标行为之前的初期及过渡性步骤。 举例来说,若要让他每次都把脏衣服丢到洗衣篮里,你可以从丢袜子开始,在他的臭袜子即将落地之前把洗衣篮递出去接住它,你强化这个行为的方式可以是口头赞美或碰触,或利用任何你认为这位室友可能有所回应或接受的方式。 人们都不笨,只需几次强化他们就会改变行为,哪怕乱丢脏衣物的行为事实上含有冲着你而来的微妙攻击意味("你这佣人,把我的衣服捡起来"),

你仍能够利用正强化塑形出持续可见的进步,直到对方达到你认为可以的整洁标准。

不过这种塑形法有两个易犯的错误。第一,错误比进步容易获得注意,加上我们又喜欢用口语表达,所以当对方没有达到强化标准时,我们极易出口指责,而该强化的时候却极少这么做,因而很容易导致前功尽弃。第二,当你"算计"着塑形某人行为时,你很难把它憋在心里,但直接说出来可能很糟糕。如果你说"当你□□□□时,我会奖励你……"(空格里可能是"把脏衣服放入洗衣篮""不抽烟""少花点钱"或其他),那么,这成了"贿赂"或允诺,不是真正的强化。而当对方得知你的计划,他可能立即做出反弹,反而加剧不当行为。为了收到成效,你必须力行塑形,而不是动嘴皮子。

如果你果真成功塑形了某人的行为,日后最好也别四处吹嘘。有些塑形者永远学不会这一点;坚持夸耀"自己"的杰作,这么做好的话对方会表现出领情的样子,但不好的话对方极可能成为你一辈子的死对头。此外,虽然协助对方改善了技巧或戒除了不良习性,但你也可能因此改变了自己的行为以给予对方适当强化,而这事实上谁最辛苦呢?是你自己。聪明的父母绝不会到处去说自己把孩子养得多好。一个理由是,我们都知道养育重责没有终了的一天;另一个理由则是,孩子理应得到夸奖——光是他们忍受我们诸多训练上的错误就值得赞扬。

由于在对人塑形时不需要说话，有时甚至还必须缄默，有些人觉得这有点操纵别人的邪恶意味。我认为这是一种误解，塑形时之所以不可说话是因为我们训练的是行为，而不是想法，而且我们不但训练对方的行为，也训练自己的行为。

不过，既然你可以在人们不知情的情况之下塑形他们的行为（除了像网球课上那样可以获得塑形对方的正式许可，塑形人类行为几乎都不可使用语言），那么你岂不是可以塑形人们做出可怕的事情？是的，的确如此，尤其在你运用负强化时，使用令人不快的刺激方式时会引发完全恐惧甚至惊骇的情况。

心理学家在实验室里发现一种"习得无助"（learned helplessness）的现象，动物经由学习学会只要压下控制杆或移动到笼子另一边，即可避开电击之类的不快刺激。然后它被移到另一个笼子，这时它无论做什么都无法避免被电击，于是它将逐渐放弃尝试，变得完全任人摆布且全然消极，甚至在通往自由的出口被重新开启之后，它可能仍是躺着接受处罚。人类的"洗脑"现象可能和这种现象有关，如果一个人被严重剥夺自由，无法逃离恐惧或痛苦，那么当有人把不快刺激作为负强化物时——也就是说，当训练对象改变行为可以避开或使不快刺激消失时——会发生什么事呢？动物通常会崩溃，但是人类较为坚强，有些人会竭尽所能地避开负强化物。帕蒂·赫斯特（Patty

Hearst）以人质身份持机关枪抢劫银行的照片即为实证①，虽然挟持她的人没有从书中学习这么做，但如果我们每个人都能理解塑形的运作原理，这类事件可能就不太会发生。 不是吗？

---

① 一九七四年美国报业巨头的千金帕蒂·赫斯特遭绑架,她受尽虐待,但数周后转而认同绑匪,协助他们犯罪。

第三章

刺激控制：无胁迫性质的合作关系

刺激的种类

"刺激"是任何导致某种行为产生反应的东西,有些刺激可以引发反应,但并不会产生学习或训练效果。 我们在听见大声响时会缩一下,遇见光很亮时会眨眼,闻到厨房传出诱人香味时通常会走进去。 动物也会有同样的反应。 这些声响、亮光和气味就是所谓的"非制约刺激"(unconditioned stimulus)或"初级刺激"(primary stimulus)。

另一种刺激是经由学习而得的,它们本身可能毫无意义,但在与受到强化的行为产生关联之后,便成为动物能够识别的行为信号。 我们每天都对许多习得信号有所回应,比如看到交通标志会停下或前进,听到电话响了会赶快去接,在吵闹的街头听到自己名字会转头,等等。 这些都可以称为"信号"(cues 或 signals)。

我们之所以习得这些信号是因为与它们相关的行为不断受到强化。 例如,接通电话,铃声就会停止(铃声是负强化物),然后会听到对方说话的声音(说话声是正强化物,或者应该说是大家所期望的)。 这些信号——或称

"区辨刺激"（discriminative stimuli）——具有预告或通知的作用，让我们知道此时会出现过去曾获强化的行为。反之，当这些刺激没有出现时，表现出这些特定行为将不会获得强化。例如，电话没响时，拿起话筒只会听到嘟嘟声。

多数正式训练都把大部分的心力及时间投资于建立区辨刺激上，无论是操练新兵的军官还是上训犬课的饲主，他们都是这么做的。让训练对象听令行事的指令，其实就是区辨刺激。

让对方听令行事

让狗坐下或让人停步并不足为奇，但如果在接到指令后训练对象即刻行动而且动作迅速标准，那才叫让人印象深刻！这便是"服从"——不只让对方做出行为，而且是让对方在接到信号时即刻执行行为。心理学家称这种现象为"行为受到刺激控制"，这种训练并不容易，需要遵循训练规则，值得我们好好研究。

即使你压根不想使唤狗儿做这做那，这辈子也没计划操练新兵，但了解刺激控制仍然对你有帮助。小孩到处乱跑，怎么叫也叫不过来，这代表你的刺激控制很糟糕。而如果你是位上司，必须下达两三次指示才能让下属开始行动，那么这也是你的刺激控制出了问题。你听过从自己嘴里说出的话吗？"我已经告诉你千万遍了，不要再□□□□！"（空格里可能是"用力摔门""把湿泳衣放在沙发上"或其他行为）如果讲了一次，甚至一百次都没有用，则说明这个行为并未受到刺激控制。

我们可能以为自己做到了刺激控制，但其实不然。我们在希望看到服从信号或指令的行为出现却又不见相应反应时，一个常见的反应就是加强信号。服务员听不懂你说的话？那就再大声一点！这么做通常不管用，因为接收信号的对象必须能够认得这个信号才行，否则无论是大声喊叫还是通过摇滚乐队的扩音喇叭呼喊，对方仍然只会不解地望着你。

动怒是另一个面对指令失效时的反应，这种反应可能管用的情况只有两个：当对方出现你不喜见的行为时，或对方熟知信号却没有出现熟练反应时。这时暂时置之不理或表现动怒的样子，有时或许可能引发好的行为。

有时训练对象虽然出现正确反应，但其反应会慢半拍或动作慢吞吞。训练对象对指令反应迟钝通常是因为没人教导它（他）们必须迅速反应。如果训练对象出现正确或迅速的反应时却未获得正强化，那么它（他）们就没有机会迅速学习服从信号是对它（他）有利的，这个行为就未能受到真正的刺激控制。

生活中到处都是刺激控制不良的例子。当有人想伸张权威时，很可能会有其他人因为"不服从"而惹上麻烦。这时,真正的问题出在有人不明白或无法执行指令——沟通不良或刺激控制的训练技巧不佳。

建立信号

传统训练师在训练之前就开始使用信号,他们先说"坐下"然后再压下狗儿屁股,让它做出坐下的动作,重复多次之后,狗儿为避免继续被压就学会了坐下。而且它在这过程里学会的是"坐下"二字代表一个它可以避免被惩罚的机会,只要做出坐下的动作就好。所以,传统训练使用的信号或口令其实就是制约负强化物。

相较于传统的训练法,我们在进行操作制约时会先塑形行为,毕竟,要狗儿去做一件它不可能听懂的事情毫无道理。等到行为出现的频率稳定后,我们才会在某种特定刺激出现期间或之后塑形这个行为,例如我们会利用响片和强化物塑形坐下的行为(让狗儿迅速坐下、动作不拖泥带水、坐得久而且经常坐下,有时坐在草地上,有时坐在地毯上,符合多项强化要求),直到它为了获得强化物而极有自信地坐下。此时我们再加入一个具有绿灯意味的信号,表示一个出现特定行为获取强化物的机会,这类信号就会成为制约正强化物:在它出现之后绝对有好无坏。

加入信号有多种方法。第一个方法是,你可以在行为启动时加入信号,在训练对象完成行为时予以强化,然后在不同时间和不同地点重复这么做，渐渐地提前下达信号，直到信号出现在行为启动之前。不久之后，训练对象就会把该信号视为做出特定行为即被强化的机会。这时，你说"坐下"，狗儿就会坐下。

第二个方法（也是我们用在海豚身上的方法），是交替运用"给信号"和"不给信号"。当狗儿经常出现坐下行为时，你可以对它说"坐下"，待它坐下时即按下响片。接着，让它坐下一两次但不按响片也不给奖赏，然后再说一次"坐下"，出现坐下动作时即予以强化；在同一段训练时间里，如果你同时强化了听信号的坐下行为，就会使在缺乏信号下的坐下的行为消失。

一旦你的训练对象了解这个规则，新信号几乎就可以马上与新行为联结。然而，毫无经验的动物在第一次学习信号时很可能会遇上困难，这种困难来自所谓"消弱"（extinction）的过程。消弱是指过去一直受到强化的行为不再获得强化，这是个不快的经验过程（详见第四章），而且很可能引发情绪反应。我曾经被海豚溅水溅得全身湿透，因为它很生气——原本一直可以换取鱼吃的行为现在竟然不管用了。

第三个加入信号的方法是塑形对信号的反应。如同塑形行为本身一样，如果坐下是幼犬接受响片训练的第一个行为，那么你可能会发现它的动作比你还快，不断坐下的动作几乎让你目不暇接。"这只狗一直在'你'面前胡乱坐下",响片训练者通常会这么描述这种现象。这时便是加入信号的最佳时机,因为它已经准备好学习信号了,你必须告诉它何时坐下才管用,避免它在你双手拿着大包小包时自己跑到你脚边坐下来。

拿出你的响片和零食,说"坐下",只要它的屁股稍稍往地面沉下一点儿你就按下响片,不要等到完成坐下的动作才按。接着丢出零食让它起身去捡食,再说一次"坐下",然后在它完全坐下之前按下响片。这个"坐下"的信号还可以加上手势或清楚的肢体动作,但按下响片的同时,必须停止所有辅助信号。

以这种方式训练,通常只要经过几次按响片给预奖赏的过程,就可出现依信号出现的积极坐下的行为。下一步,说出"坐下"但等它屁股完全贴地坐着才按响片(它才不会养成半蹲一下就起来的习惯),接着把其他一些熟知的行为(比如唤它过来摸摸它等)穿插在加强坐下新信号的练习之间。

最后一步则是塑形等候信号出现的行为——初时半秒,然后一秒、三秒,直到狗儿完全把注意力放在你的身上,但是你未下达信号前它不会坐下。达到这个程度之后,你便可以慢慢不用那些辅助信号,而只使用口头信号。这时信号之下的反应已经受到操作制约,狗儿因为期望获得强化而表现出相应行为。

据我观察,这是建立个别信号最快的方法,也能最快建立"信号指示特定行为发生"的一般概念。在一次训犬讲座上,有名女子带来了一只刚从收容所领养来的四个月大的拉布拉多幼犬,我利用星期六午餐时间协助她训练幼犬的第一个响片行为——趴下。如果我说这只幼犬一无所知,完全没接受过任何训练,应该不会有人异议,单单只是让它注意到自己的行为可以影响零食的到来就花了很长时间。

当天下午我们练习如何塑形出对信号的反应,隔天午餐时间这位女子和幼犬来到我身边。猜猜这个幼犬在二十四小时内学会了什么?坐下、趴下、翻滚、应招而来、超级厉害的"击掌"(它把重心完全移到左半部身体,直直地把右前脚举到最高处),以及捡回东西的初级版动作。这些动作它都可以完全按信号行事,迅速确定而且正确无误,变换信号出现的顺序亦然。除此之外,这只幼犬变得神采奕奕、专注、兴高采烈、全力以赴——准备好不枉这一生。

刺激控制的规则

刺激控制有四个层面。当狗儿学会听口令坐下(不管使用哪种方法)之后,训练就结束了吗?不是的,这个任务只完成了一半,动物必须另外接受训练,而且这是一项不同的训练任务——学习在没有口令时不要坐下。在制约刺激没出现时，动物不会出现该行为，否则该行为的刺激控制仍未完成。

当然，这并不表示除非对狗儿下令坐下，否则它必须整天站着。训练对象在自己的其他时间里当然可以作出任意行为，但是在训练或工作的情境中，你必须用到区辨刺激（或信号）。这时若想要稳定的行为表现，就必须建立信号的两个层面："何时进行行为"以及"何时不进行行为"。

达到理想的刺激控制有四项要件，训练时必须把每一项当成个别目标，成为塑形过程中的独立部分：

（1）制约刺激一出现，行为永远立刻发生（叫狗儿坐下，它即坐下）。

（2）没有制约刺激时，不会发生行为（在训练或工作情况下狗儿从不自行坐下）。

（3）其他刺激出现时，从来不会发生这个行为（如果你说"趴下"，狗儿也不会坐下）。

（4）这个刺激出现时不会引起其他行为反应（当你说"坐下"时，狗儿不会做出趴下或跳起来舔你脸的反应）。

只有在四项要件都达成之后，狗儿才算真正、完全地懂得"坐下"的口令，这时你才有了真正的刺激控制。

在日常生活中，我们会在哪些地方使用或需要如此完全的刺激控制呢？ 以音乐为例，管弦乐团的指挥常使用极其复杂的刺激控制，因此在排演时他可能会遇上各种错误的反应。 例如他可能示意要求"forte"（强音）——加大音量——但却无响应，原因可能是他还没有明确建立起信号的意义，也可能是他已经做出避免加大音量的信号，但是音量依旧过大。 古典管弦乐团的铜管乐器部以此著称。指挥家理查德·施特劳斯（Richard Strauss）列出了一些挖苦年轻指挥家的规则，他说："绝对不可用鼓励眼神看着铜管乐手。"而业余合唱团常出现以下情形，指挥者示意出现"presto"（急板），但音乐速度没加快，音量却变大了，尤其是独唱男高音常出现这种状况。 信号引发的每一个错误反应都必须经由训练进行更正，直到指挥者对自己的刺激控制感到满意为止。

刺激控制在军队里也极为重要。 新兵训练时，教官以连珠炮口令不断要求士兵做动作，重复操练不但非常耗费体力也很耗时，这个做法在新兵看来似乎既困难又毫无意义。 但是它有个重要功能，它不但能使新兵对口令迅速做出反应，以便让指挥官能够有效动员大批军人，同时也训练出"听令行事"的技能。 毕竟这种技能不只是一种心态，也是一种习得的能力，这对士兵而言极为重要，常有保命的作用。 自从军队存在以来，连珠炮口令操练一直是用来训练这种能力的方法。

哪种信号？

区辨刺激可以是训练对象有能力察觉的任何事物：旗帜、光线、话语、抚摸、振动或开香槟时的声音。只要训练对象能够察觉这个信号，它就可拿来引发习得行为。

海豚通常用手势进行训练，但是我知道有只眼盲的海豚学会了以许多行为响应不同的碰触方式；牧羊犬通常依靠手势和口令进行训练，不过在新西兰的广阔乡间，人们常用尖锐的哨音当作信号，它传递的距离比口令远得多。有时在新西兰牧羊人把牧羊犬卖给住在数千米之外的新主人后，由于哨音无法以书面方式描述，原主人会以电话教授新主人如何发出指令，或者送给他关于哨音的录音带。

鱼类能够学会对声音或光线做出反应，我们都知道，敲打水族箱玻璃或打开灯光，会让水里的鱼很快地游近水面。而人类则几乎可以把任何东西都作为习得信号。

在工作情境下，让所有训练对象学习相同的信号是很有用的，只有这么做，才能引发其他人相同的行为。动物训练师对于使用的刺激通常相当传统，世界各地的马匹在被人踢马肚时都会往前走，缰绳被拉紧时就会停步。美国纽约布隆克斯动物园的骆驼听见"couche"（法语"趴下"的意思，音似"酷虚"）口令时就会趴下，即使周遭的人包括训练师在内都不会讲北非腔法语也无妨。大家都知道这样做能让骆驼趴下,虽然那些纽约骆驼也能够学会以趴下响应"宝贝,装酷吧"这句话,但没人在乎。

　　传统训练师往往没领悟到自己的信号只是种沿习。有次我在一家寄宿马厩训练一匹年轻马儿,我用一条缰绳牵着它教导"走"的口令,马厩驯马师带着嫌恶的神情在旁观看。 最后,他终于开口:"你不能这么教! 马儿不懂'走',你必须说'帖——提克'!"他一边从我手中拿走缰绳,一边说"帖——提克",并且以缰绳另一端抽了一下小公马屁股。 这个动作当然让马儿开始往前走,他说:"看吧!"但是他的行为正是沿习的实证。

　　从那时起,我把我的马儿无论放在哪个马厩寄宿,我都训练它们不只对我的口令有反应,也对马厩训马师使用的"几地亚普"(giddyaps)、"据"(gees)、"喝"(haws)和"喔欧"(whoas)等口令有反应。 这样不仅可以避免麻烦,而且也能让他们认为,作为业余驯马师的我是相当有潜力的,至少我没搞错这些信号!

　　训练马儿遵从两套口令不仅可能,而且很容易。 虽然你希望一个刺激只引起一个行为,不过由数个习得信号引发同一个行为是绝对可行的。 例如,在挤满人的房间里,讲话者如果要求大家安静,可以大喊"安静",也可以站起来单手比出代表"嘘"的手势。 要是大家很吵,他也可以拿汤匙敲敲水杯,这样做也管用。 我们都已被制约成对至少三种以上的刺激响应出安静下来的同一个行为。

为习得行为建立的第二个信号称为"转移刺激控制":先呈现新刺激(或许是新口令),然后呈现旧刺激(例如手势),再对出现的反应予以强化;接着渐渐使旧刺激越来越不明显,同时将新刺激表现得极其显眼,直到新刺激引起的反应和之前一样好,甚至可以完全不再给旧刺激。这种转移通常比训练第一个信号来得快,因为"出现这个行为"和"信号出现时才出现这个行为"的概念已经先行建立起来了,于是学习"另一个信号出现时才出现这个行为"的概念就会比较容易。

信号强度和淡出

初级刺激(未制约刺激)视刺激强度不同而能引发不同程度的反应。被针猛刺一下的反应会比被轻扎一下的反应剧烈;声响越大,惊吓的效果越明显。不过,一旦能辨认出习得信号,便可以出现全然不同的反应,例如看到红灯时停车,并不会因为红灯的大小而停得快一点或慢一点。只要能认出信号,就知道该怎么做,因此在已习得一个刺激信号之后,不但可以转移它,也可以让它变得越来越小,甚至几乎无法察觉,也能引发相同表现的反应。最后,你将能够以极微妙的信号引发反应,让旁观者看不出端倪。这就是"淡出"刺激的技巧。

日常生活中我们常常用到淡出技巧。有些情景,一开始必须使用非常大的刺激,例如家长可以一边说着"迪弟,不可以把沙子放进别的小朋友头发里",一边把迪弟拖出游戏沙堆。 随着时间过去,这种刺激可以转变为一个小信号,家长只要挑起一边眉毛或者摇摇食指便可以阻止迪弟这么做。

　　动物训练师有时能够利用淡出的刺激引发看来神乎其技的反应。 我曾在美国圣地亚哥野生动物园(San Diego Wild Animal Park)看过一个很有趣的表演,一只鹦鹉只要看见训练师手部的微妙动作即会爆发歇斯底里的大笑。 你可以想象这有多么好用:"帕特罗,你认为这名男士的帽子如何?""哈哈哈……"由于观众没看到信号,这只鹦鹉唯一的习得行为看来就像聪明地给了一个嘲讽拉满的答案。 它其实只是对一个完全淡出的刺激做出了及时反应而已。 任何聪明嘲讽的成分,都应该归功于训练者,或者设计对白的人。

　　我所看过的表现制约、淡出和转移刺激的最佳例子并不是在动物训练的领域,而是在交响乐团的排练上。 我以业余歌手的身份参与过多个歌剧团和交响乐合唱团,它们常由客座指挥家领团。 虽然指挥家给予乐手的许多信号多多少少具有一致性,但是每位指挥家也有独特的个人信号,而且这些信号的意义必须在极短期间建立,因为排练时间几乎不比演出时间长。 有次排练古典音乐家马勒第二交响曲《复活》时,我看见指挥家建立了一个代表"轻声演奏"的未制约刺激。 他做出听到警铃四起的神情，躲避爆炸似地蹲伏着以单手蔽脸，大家都意会到这个动作的含义。 接下来几分钟他便能够淡出刺激，只要他瞥一眼提示并稍微弯下身子，或者很快用手势比一下即可降低任何一部合音的音量，最后只须稍微缩一下肩膀即可。

指挥家也常转移刺激，将已知姿势或大动作（例如手心向上移动代表"大声一点"）与未学过的姿势（例如偏头的个人特色或转身动作）相结合。 我有次坐在位于指挥家左侧的女低音部，看见这位客座指挥家只花了一些时间即把控制女低音部音量的所有信号全转移到他的左手肘上。

建立起刺激控制的一个结果是，如果训练对象想以正确反应获得强化，尤其在刺激已淡出的情况下，那么它必须变得很专注。 事实上，它后来不仅能察觉极细微的信号，甚至连训练者自己也没意识到自己给了这些信号。 "聪明汉斯"（Clever Hans）就是一个典型例子。 这匹二十世纪初的德国马儿被视为天才，它能够以蹄抓地数数字、做算术、拼字，甚至能开平方。 当然，它答对时都会获得一点食物作为奖赏。 它的饲主是位退休教师，他真心以为自己可以教会这匹马阅读、思考、做数学及与人沟通。 但事实是，即使这位饲主不在场，这匹马仍会"回答"问题。

许多前往柏林研究"聪明汉斯"的学术人士皆确信它是天才，不过后来终于有一位心理学家证实它是受到某个信号的提示，因为当全场无人知晓答案时，它抓地的动作会一直持续下去。 更进一步的研究证实（虽然坚信它确为天才的人不断抗议），让马停止抓地的信号是饲主或其他出题者在看见它抓地次数达到正确答案时，会稍把头抬起一点儿。 这个轻微的动作原本因为教师戴着宽帽而格外明显，而如今它已成为非常细微的动作，不但几乎看不出来（除聪明汉斯以外），而且几乎无法以意志抑制，所以这匹马即便是看到非饲主的人仍能分辨何时该停止抓地。

"聪明汉斯现象"已经成为一个代名词，指某些行为（有关动物智商或通灵现象）看似不可思议，但其实是非意识信号引发的结果，因为测试者一些微不足道的动作或已淡出的行为已成为行为对象的区辨刺激。

有效又好用的目标物

目标法是许多海洋哺乳动物训练师的最爱，几乎每个海洋世界都可以看到目标物的使用。 训练师伸出拳头让海狮来碰，然后借着移动拳头让海狮跟随移动到表演台的不同位置。 海豚学会从水中垂直跳起来去碰一颗吊在高处的球。 有时两三名训练师会在池边各自站定，每个人拿着球或伸出棒状软垫目标物，让鲸鱼进行目标碰触，从而连续从一处游到另一处。

对于刚开始学习强化训练的人而言，教导动物以鼻头碰触棒子末端是绝佳的入门练习。这个行为不但看得到，也感觉得到，动物很容易即刻获得强化，人也很容易明白该如何一点一点地提高强化标准：棒子离鼻头两英寸，离四英寸，在左边，在右边，在上面，在下面，再往前，直到这只动物（或鸟儿，或鱼儿）能跟随这根目标棒移动为止。有家荷兰训犬学校的老板告诉我，某天早上她以响片训练家猫去碰咖啡匙，然后便能够让它跟着绕餐桌一圈。这个经验让她非常信服，马上把整个训犬学校的方法改为响片训练。

动物园利用目标法（加上响片和食物）可以让老虎和北极熊移动到另一个栏舍，使懒猴和狐猴等小型动物停着不动以便医护人员进行治疗或检查。动物园也可以利用目标法来分散动物。圣地亚哥动物园行为馆馆长盖瑞·普利斯特（Gary Priest）拍了一段录像，记录了三只长颈鹿在学会碰触三个不同的目标物后，被训练着塑形以便它们安静进入围栏并容许医护人员为它们修蹄。

狗儿饲主更是可以活用目标棒。你可以使用目标棒训练一只横冲直冲、难以控制的狗儿乖乖在脚侧随行，而不必抽扯它的牵绳，也不必费心劳力地训练，只要慢慢拉长"鼻子大约维持在某处即会得到响片奖赏"的时间长度就好。你也可以把目标棒插在地上，利用它教导狗儿一出现信号便离开你身边。这是服从竞赛选手常觉得困难的项目。你也可以利用目标棒带着狗儿穿越障碍或进入新的地方。警犬和搜救犬训练师常会利用激光笔指示狗儿前往特定区域，猫咪也很容易学会追逐激光笔投射出的小小红点，这是足不出户与猫咪玩耍或让它运动的好方法。当你的猫在你一下达信号便即刻跳到冰箱上头（利用激光笔训练）时，你的客人们绝对会叹为观止。

　　对于有口语沟通障碍的人来说，以标定信号和零食达成的目标训练也非常有效。一位从事特殊教育的老师告诉过我，她在看过海洋哺乳动物训练师使用目标物之后，立即把目标法应用在自己工作上。有一天，她被分派指导一名具有发展缺陷却又极度活跃的小男生，他被要求坐在桌前完成作业，但是他们平常使用的教室正有人使用，所以他们来到周围全是大球、摇椅和攀爬设施的体育室。小男孩当然马上跑去玩，但她不能抓着他，强迫他坐在桌前，她也不想这么做。所以她伸出手心说："碰碰！"男孩照做了。她立即回答："很好！"接着，她便利用"碰碰"和"很好"把他引导到椅子上坐好完成作业，中间不时穿插很短的嬉戏时间（当你明白自己能够利用目标物等信号让训练对象回到身边时，你将会比较愿意利用自由作为强化物）。

　　我也曾经目睹利用目标物（包括教师的手和激光笔）来协助严重低功能人士学习行走到教室里、桌子边或其他目的地——完全出于自愿且无需肢体引导。这对学习者或教师而言，都是一个获得解放的技巧。

以习得厌恶刺激作为信号

区辨信号强度可能影响反应的唯一情况只发生于传统动物训练。传统动物训练使用的信号（轻拉马缰或牵绳、轻顶马腹）只是过去一些未制约刺激的减轻版（用力猛扯绳子或踢马腹，为的是激发尚未训练过的反应），所以如果轻度刺激无效，加强刺激似乎应该得到较大的反应。不过实际这么做会遇上问题。

习得信号和初级刺激是两类不同的个别事件，训练新手通常不明白这一点。例如，当他们轻轻拉没有反应时，他们就会多用点儿力，然后再继续用力。这一切只是徒劳，因为马匹和狗儿同时也会增加往反方向拉的力道。

传统训练师常把信号和使用暴力视为两码子事。他们先给信号，当没有获得服从反应时，他们不是慢慢加重刺激，而是直接使用令动物感到极度不快的强烈刺激来引发行为——强烈到足以"让它恢复记忆"（一位训马师如是说）。使用P字链（收缩链）的训犬方法就是如此，在学习正确用法之后，即使个头不大的人也可以利用快速抽紧放松的动作把高大的大丹犬吓得魂飞魄散。有了这个初级刺激在手上备用，训练师很快便能发展出轻拉链子即得到良好反应的结果。英国著名训犬师芭芭拉·伍德豪斯（Barbara Woodhouse）指出，从长期来看，这个方法比一直使用中度力道、无效轻扯拖拉着可怜动物的脖子来得人道。 不过，利用正强化塑形行为的方法当然更为人道，而且无论从长期还是从短期来看都较为有效，现代训练师都利用正强化和标定信号（某些字句或响片）改进所有过去以暴力达成的传统训犬行为。

　　当某个区辨刺激可用来当作避免不快事件的信号时，它不但可以减少肢体控制或介入的必要性，而且即使训练者不在场也可以抑制行为。 我的边境梗犬在幼年时期很爱乱翻废纸篓，并且把纸篓里的垃圾弄得四处都是，我并不想处罚它，但是我也不想时时捡废纸。

　　于是，我在喷水瓶里装了水，加入几滴气味浓郁却很怡人的香草精油，然后咬着牙勉为其难地朝它的脸上喷了喷，它很不高兴地跑开了。 之后我在废纸篓上喷了香草精油，它便从此再没接近过废纸篓。 它并不讨厌这个气味，这个气味的刺激完全是中性的，它真正讨厌的是这个气味引发的联想。 为了维持它不再接近废纸篓的行为，我大约每三个月就必须增加刺激浓度，在废纸篓上喷几滴香草精油，但我再也没有必要直接往狗儿脸上喷了。

　　让狗儿待在隐形围栏系统（Invisible Fence Systems）内，就是应用相同的原则。 你在希望围住狗儿的区域四周安置一条无线电线圈，让狗儿配戴装有接收器的项圈，狗儿太接近线圈时就会感受项圈电击。 不过在这之前，必须设定一个警告声，在它距离电线几英尺处时项圈便发出警告声，这个区辨刺激即代表"别再继续往前走"。如果系统安装正确，它就可以有效地围住受过训练的狗儿，狗儿永远不会真的遭受电击。

我和我的梗犬住在森林里时曾使用过这个系统。当时若使用真正的围篱，等同随时邀请它设法在围篱下挖洞或趁门没关时逃脱。这种使用制约警告信号和隐形围栏的方法则安全稳当得多了。

限定反应时间

想训练动物对区辨刺激做出迅速反应，"限定反应时间"（limited holds）是个非常有用的技巧。假设你的训练对象已学会依信号做出行动，但总是需要一段反应时间——比如你喊家人吃晚饭，他们总是慢吞吞才来；或是你示意停下来，但是你的大象只是慢慢减速，最后才完全停下来——只要你愿意，你其实可以利用"限定反应时间"的方法塑形出较短的反应时间，直到对方在能力可及范围内达到最短反应时间。

首先算出一个过去反应时间的平均值，然后只强化在这个反应时间内出现的行为。由于动物行为具有变异性，有些行为会超过反应时间，这些行为将不再获得强化。举例来说，叫大家吃饭之后，等一段固定时间后就直接上菜，那么晚到的人可能就只能吃冷菜或无从选择菜品。

当你限定反应时间，只强化一定时限内出现的行为，你就会发现所有反应将慢慢集中在时限内发生，不再有拖延的情形。 全家人凑齐来到餐桌的时间得花十五分钟？现在，你可以再缩减时限，在叫大家吃饭十二分钟后甚至十分钟后就上菜。 逐步减缩时限的步调完全依靠判断，如同塑形原则一样。

动物和人类对时间都极为敏感，在反应时间受限时都会出现极其准确的反应。 但是训练者若希望有效利用限定反应时间的技巧，则不应该依赖胡乱猜测，而应该使用时钟甚至秒表。 假如行为反应时间比钟表可测的时间单位更短，那你可以利用默数，例如使反应时间从一、二、三、四、五缩短至一、二。 当然，若训练对象是人类，只要着手去做，静待它发挥成效就好。

一九六〇年代海洋生物世界最让人惊艳的表演秀高潮之一，是六只小飞旋海豚（spinner dolphins）同步表演多种腾空花式动作，它们会依照水底声音信号的变化而做出各式跳跃旋转。 在训练初期，无论是要它们跳跃、翻转还是让它们做其他动作的信号出现，它们在十五至二十秒之间此起彼落，动作很不整齐。 于是我们利用秒表和限定反应时间的技巧把反应时间压缩到两秒半，让每只海豚都知道如果想吃鱼，它必须在信号出现之后两秒半内跃出水面，做出正确的跳跃或翻转动作。 后来，每只海豚都专心一致地待在水底喇叭附近，只要信号一出现，海豚就会立即从水中爆冲而出，跃入空中扭转翻滚，场面相当壮观。有一次，我在观众席上无意间听到一段很好笑的对话，一位看来像教授的人斩钉截铁地告诉同伴，要获得这种准确无误的反应，唯一的做法就是利用电击。

限定反应时间的日常应用，即在要求或指示下达后你愿意花多少时间等待响应。如果家长、上司或教师在限定反应时间之后始终如一，他们通常被认为是很公平的，是说话算话的，哪怕限定的反应时间（行为必须在规定时间内出现，否则不予强化的机会窗口）相当短也无妨。

预期心理

"预期心理"是一个刺激控制常见的问题，训练对象学会了信号的意义之后，将会迫切想提供行为，因而会在信号尚未实际出现前即发生行为，这种现象被称为"鸣枪前抢跑"，是人类赛跑时因预期心理而出现的行为。那些在他人给予信号或要求之前即行动的人通常被视为过度急切或奉承讨好，这种习性令人生厌，并不是一种美德。

参加服从竞赛的杜宾犬有时会遇上这类困难，虽然它们是极易训练的狗。它们极其警觉，只要预期的指令出现一点点端倪，它们即能察觉，于是常在指令实际出现之前做出动作，从而惨遭扣分。参加小牛套索马术竞赛的马匹也常见这种预期心理的问题。牛仔和马匹原本应待在隔栏后方，等待小牛先跑出去，但马匹常会在过于兴奋的状态中没有等到信号下达即冲出去。牛仔有时会认为这真是匹好马，但其实是这匹马儿尚未达成刺激控制的训练。另一个常见预期心理出现的例子是美式足球的"越位"犯规动作，在开始踢球的信号下达之前，某名球员由于心急而跑入对手防守区域之内，导致所属球队受罚。

利用"暂停"的处置可以改善预期心理的问题。若你不想再见到训练对象因为预期信号而做出动作，那么你可以停止所有活动，整整一分钟内什么都不做，不给任何信号。每次训练对象太早出现行为时就停下来，然后再重新开始，让过度急切的行为导致下次表现的机会延后出现，从而惩罚过度急切的行为。这种方法可以有效消除预期心理，但是如果对训练对象处以责骂、惩罚或使其多次重复动作则可能适得其反。

利用刺激作为强化物：连锁行为

在制约刺激建立之后，有件有趣的事会发生：这个制约刺激会变成一个强化物。以学校下课的铃声为例。铃声代表"下课了，可以出去玩"的信号，不过它也会被视为强化物——孩子们听到铃声会很高兴，如果可以让铃声早点响，他们绝对会这么做。现在想象一下，要是下课铃声必须等到教室安静下来才会响，状况会是如何？每次接近下课时间,你将发现教室会变得异常安静。

区辨刺激代表获得强化的机会出现了,所以它成为训练对象乐于见到的事件,而这个事件本身即具有强化作用,意味着你其实可以把"引发某个行为的刺激"作为另一个行为的强化物。 举例来说,如果我对猫咪说"过来",然后给它一点零食以奖励它过来的行为,那么它将学会这个口令而且也会照做。 日后,我每次碰巧看见它坐在壁炉台上时,便叫它过来并奖励它,很快地,猫咪将会因为想吃零食而跑到壁炉台上待着(请记住:从猫咪的观点来看,是它在训练我,它发现了一个让我说"过来"的方法)。 假设我接着想教它在我手指着壁炉台时就跳上去,并利用食物或"过来"口令强化这个行为,那么以后我遇到以下情况即可指着壁炉台:(1)我知道它肚子饿的时候;(2)它刚好躺在地上四脚朝天的时候,或者其他任何时候。 我所训练出来的是一个连锁行为。

我们在日常生活中常出现一长串的连锁行为,例如做木工和做家务,都是由许多熟知步骤构成的一连串行为。而我们对动物也有一样的期待:要求它们"过来""坐下""趴下""跟好"等长串连续动作。 这种长串连续的行为是"连锁行为",不同于"长时间维持的单一行为"(维持一小时或做一百次)。 连锁行为可以很容易维持,表现不会变差或延迟反应时间,因为每一个行为其实都会被下一个行为的信号或出现机会强化,当所有行为完成了,才能获得奖励。

连锁行为可分为数种：由重复发生的同一行为所构成的"同构型连锁行为"（homogeneous chains），例如马匹连续跳过一连串同型障碍物；以及由不同行为构成的"异质性连锁行为"（heterogeneous chains），完成最后一个行为才能获得强化。

正式的狗儿服从竞赛多半属于异质性连锁行为。例如中级竞赛项目：（1）当主人把哑铃丢到跳跃障碍的另一边时，狗儿必须坐在主人脚边；（2）狗儿一听到信号即跳越障碍；（3）狗儿找到哑铃，并把它咬起来；（4）狗儿衔着哑铃回头并跳过障碍；（5）狗儿坐在主人面前，等待主人拿走哑铃；（6）狗儿听信号回到主人脚边。竞赛时这些连续行为的顺序通常一成不变，不过你可以先个别训练单一步骤，或在训练其他连锁行为时顺便练习同样的步骤。

连锁行为的行为顺序并不重要，但它有三点要素：（1）构成连锁行为的个别行为紧凑发生，没有耽搁；（2）这些行为由来自训练者或环境的信号主导；（3）等到整个连锁行为完成，初级加强物才出现。

无论狗儿参加打猎竞赛还是赶羊竞赛，每次参赛的习得行为的出现顺序或许会因环境不同而有所变动，然而只有在它捡回雉鸡或把羊群全赶入栏内后，整套的连锁行为才会获得强化。

连锁行为之所以能够出现，是因为个别行为都曾被强化，而且都受到刺激控制（即完全依信号行事），于是这些保证强化物一定会出现的习得信号可以用来维持连锁行为的个别行为。信号可由操作手给予，牧羊人可以用哨音告知牧羊犬转弯的方向、行进速度、何时停下和何时回头；信号也可由环境提供，参加服从竞赛的狗儿在跳越障碍之前，出现在它眼前的哑铃便是要它捡起来的信号，而捡起来的动作是回到操作手身边的信号，看到障碍物则又是跳越的信号，主人不必为这些连锁行为中的个别行为提供口头信号，因为信号早已存在。

有时，前一个行为就是下一个行为的信号。我最近刚搬到一个新城市，找了一处新家也注册了新公司，我把新地址、新电话号码、新传真号码和新的电子邮件账号全背了下来。但是有好几个月，我没办法从这一连串的数据中抽出片段数据告诉他人，若有人直接问我邮政编码是多少，我肯定当场被问倒，除非让我先背出镇名和州名，我才能顺利背出邮政编码。电话号码也是如此，我必须先说出区域号码才能接着背出其余的号码——这就是一种内建信号的连锁行为。

我们每天做的许多事（如冲澡后穿上衣服）都是这类连锁行为。行为分析学者发现，在教导具有发展缺陷的人时，仔细建立依信号行事并获强化的连锁行为对于训练这些人的独立或半独立生活技巧有极大帮助。

我们都看得到连锁行为的用处及效用，但是我们常看不出来的是，我们眼中所见的错误行为常只是连锁行为瓦解后的结果。 我帮训犬师上操作制约课程时曾听过他们在狗儿没做对时的许多理由，比如"这只狗很顽固""它只是企图报复我""它很紧张/发情了/刚发情结束"，等等。 其实它犯错，只是训练者建立或维持连锁行为不力的结果。

当构成连锁行为的行为当中，有一些未形成的行为或尚未受到刺激控制的行为，这个连锁行为便会瓦解崩离。 当训练对象不懂得信号或无法达成信号所要求的行为，你便无法利用这个信号进行强化。 这代表每个连锁行为都应该倒过来训练，也就是从最后一个行为开始训练。 先确定训练对象已经学会这个行为，而且能辨识出引发这个行为的信号，然后再训练倒数第二个行为，如法炮制直到完成所有行为。 比如你在背诵一首诗、一段音乐、一篇讲稿或一段台词时，可以把它分成五个段落，把次序反过来，从最后一段背起，从自己最弱的部分背到最熟练的部分。相反地，若依照记忆内容原先撰写或呈现的顺序开始背诵，你便必须不断从熟悉的段落背到较为困难且未知的段落，这种经验让人极无成就感。 以看待连锁行为的方式处理背诵一事，不仅可以缩短所需的记忆时间，也能让整个背诵过程变得较为愉快。

连锁行为是个独特奇怪的概念，我自己也曾经因它大感挫折，觉得自己已经无计可施了，没有办法让某只动物、某个小孩或自己去进行一些显然并不难的连锁行为。

直到我领悟到，原来我一直把连锁行为的训练顺序弄反了，我才恢复了信心。

用糖霜进行装饰是做蛋糕的最后一个步骤，如果你想让孩子喜欢上做蛋糕这件事，你的第一步应该是在装饰糖霜时请他们来"帮忙"。

教狗儿玩飞盘：一个连锁行为的例子

我有一位住在纽约市的朋友，他每个周末都带他的黄金猎犬到中央公园玩飞盘。他告诉我，生活中似乎到处是束手无策、不知如何教狗儿玩飞盘游戏的人。这真是一件可惜的事，因为对居住在都市里的大型犬而言，玩飞盘是绝佳的运动方式。飞盘的速度比球慢得多，移动的方向也较飘忽不定，更接近真正的猎物实际状态。激励狗儿跃入空中做出花式飞接动作会让饲主感到很有趣，而且玩飞盘时饲主可以站在原地让狗儿来回奔跑。

饲主常见的抱怨是，当狗儿受到鼓励，也就是看到飞盘挥动时，它会跳起来试图咬飞盘，但是当他们把飞盘丢出去后，有的狗儿只是站在原地看飞盘飞走，有的会去追它、咬住它，但是从来不把飞盘叼回来。

飞盘游戏有两个训练要点。第一，狗儿追逐飞盘的距离必须慢慢以塑形拉长。第二，这个游戏是种连锁行为：狗儿去追飞盘，然后咬住飞盘，最后衔着飞盘回来，等待下次丢出的机会。所以每一项行为都必须分别训练，而且这个连锁行为的最后一步——衔回飞盘的行为——必须第一个训练。

你可以先从极短的距离（甚至从室内开始）训练衔回，利用很容易衔住的东西（例如旧袜子）作训练。猎犬几乎都会自动自发地衔回，但是其他犬种（如斗牛犬和拳师犬）则必须小心塑形出放下飞盘或交还给人的行为，因为它们通常喜欢玩拔河游戏。

在狗儿能够依信号衔回东西并且还给你之后，你再塑形它接飞盘的动作。首先在狗儿面前晃动飞盘，让狗儿兴奋不已，重复给它飞盘让它再拿回来。当然，当它把飞盘还回来时一定要疯狂赞美它。然后把飞盘拿在半空中，在狗儿跳起来咬时给它，再让它还回来。接着把飞盘短暂地丢入空中一秒，如果它接到了飞盘，你就大肆称赞它。在它有了接飞盘的概念之后，你就可以开始塑形这个连锁行为的第一步——追飞盘：把飞盘往上丢，丢到离你一两英尺的地方，让狗儿必须跑去追才接得到。

这时你的狗可能正朝着成为超级飞盘狗之路迈进了。在距离渐渐拉远之后，狗儿必须学习观察飞盘走向并且找出接飞盘的最佳位置。这需要多多练习，所以要训练它去接二十五英尺远的飞盘可能得花上一两个周末。学习迅速的狗儿最后能够精通接飞盘的技巧，你丢得再远，它也接得到——美国飞盘狗明星"阿什利·惠比特"（Ashley

Whippet）接得到飞越一个足球场的飞盘。 狗儿似乎对自己的特长沾沾自喜，当它们表现出色或做出漂亮的越肩飞接动作时，观众发出的喝彩声也会让狗儿神采飞扬。 然而，狗儿接到飞盘后之所以会返回，是因为这个行为是这一连串连锁行为中最早开始训练的，而且这个最后步骤将带给它强化（你可能会称赞它或再度掷出飞盘）。

当然你也会发现，若是它好几次带回飞盘而你却没称赞或掷出飞盘，这个捡回的行为将会每况愈下。 此外，当狗儿累得不想再玩时，它衔回的动作会有点蹒跚，不是衔回的速度变慢就是在途中丢下飞盘。 这表明你必须赶快停止游戏——你和它都已经玩够了。

类化刺激控制的概念

对于多数动物而言，起初建立刺激控制时都必须花些时间，但是通常到了建立第三个或第四个行为的刺激控制时，你将会发现动物似乎已能开始类化，或者已经了解它的概念。 等到它们学会第三个或第四个信号控制的行为之后，多数训练对象似乎已体认到特定事件的出现是种信号，每个信号代表一个不同的行为，能否获得强化，视它能否辨识出信号并做出正确反应。 自此之后，要建立习得刺激将易如反掌，动物已经有了概念，它只需要学习辨认新的信号并且联结它们到正确的行为上即可。 身为训练者的你必须尽可能让过程清楚明白，这么一来，日后训练起来将比当初刚开始训练时的费力步骤快得多。

人们的类化速度更快，甚至只要奖励他们对一个指令产生的反应，他们为了获得强化将很快对其他指令也产生反应。我的朋友"李"在纽约市较差的地区教小学六年级数学，每当新学年开始他总是先训练学生听从他的请求不吃口香糖。他不胁迫学生，只说："好，大家注意，我们要做的第一件事是从嘴里取出口香糖。做得好！噢！等一下，朵琳嘴里还有一些口香糖……太棒了！她取出口香糖了，大家为朵琳鼓掌欢呼！"他也教学生课后再吃口香糖（以"下课"二字作为强化物）。这么做或许看来无关紧要，甚至很无聊（不过这倒免得李看着一群嘴巴嚼来嚼去，他最讨厌上课时这样子），可是他发现这样的训练使学生意识到，响应老师的请求之后即可能获得强化。

当然，如同一位好的虎鲸训练师，李也利用各式不同的强化物，除了好成绩和他给予的认可，他也使用游戏、同侪认可、提早下课的特权，甚至给他们发放免费的口香糖。当然，他起初花了不少时间在口香糖上，他把它分成小段，一小段一小段地拿来用，他的学生都认为他对口香糖有种奇特的偏执。不过这些孩子也学习到，这个人言出必行，为达到他的要求付出一点代价也不错，所以大致来说他们都变得反应颇佳且很专注。

其他老师认为李有种让学生安静下来的天生本领，校长认为他是个"纪律分明的人",李则认为这些孩子很聪明,举一反三不成问题。他乐见其成,也乐见学生不吃口香糖。

习成前低潮及发飙

在让行为受到刺激控制的过程中,常出现一个有趣的现象,我称之为"习成前低潮"(prelearning dip)。当你塑形出某个行为,正进行刺激控制的训练时,突然间训练对象对该刺激毫无反应,它的样子就像从未听闻过这个你之前已塑形出来的行为。

这可能使训练者感到极度挫折,本来你已经厉害地教会鸡跳舞,现在你想训练它只有当你举起右手时才跳舞,但它只是看看你的右手却不跳舞,或者当你给信号时它可能站着不动,没给信号时反倒热情乱舞。

如果把这个过程绘成图,随着正确反应率(即信号出现才产生反应的比例)逐渐增加,你将看见一条缓慢爬升的曲线,接着,当正确反应率掉到零时,这条线便会突然跌至谷底(遇到多次毫无反应或错误反应的情形)。但只要你持之以恒地训练就可以等到训练对象开窍,突然间,它会从完全失败的情形一下跳升到极佳的反应——你一举起右手,鸡就会立即起舞,这个行为已经受到了刺激控制。

依我看来，这个现象是因为起初训练对象学习某个信号时并未真正意识到自己的行为，训练者只看到正确的反应缓慢增加，出现令人振奋的行为倾向。然后训练对象注意到那个信号，理解到该信号与获得强化有某种关系，这时它会全神贯注在这个信号上，而不是想着做出动作，当然就不会出现反应，也不会获得强化。如果训练者持之以恒，一试再试，刚巧信号出现时它再度做出动作而获得强化，训练对象就会有了"意识"，自此以后它便"知道"信号代表的意思，并且会自信满满地做出正确反应。

我知道我丢出了一些诸如"意识"和"知道"的字眼，用以描述训练对象脑袋里的状况，多数心理学家并不乐见这些字眼用在动物身上。训练动物时，如果见到正确反应逐步增加，但未发生任何重大事件，有时的确很难判断这只动物何时（或是否）已经意识到自己的行为。不过，如果出现习成前低潮，我认为这是意识转变的信号，无论是哪个物种都一样。我曾看过夏威夷大学的研究学者迈克尔·沃克（Michael Walker）研究鲔鱼感官区辨的实验数据，它明白显示习成前低潮的存在（因而出现了某种程度的意识转变）。鲔鱼虽然是智商较高的鱼类之一，不过毕竟是条鱼。

习成前低潮期对训练对象来说，可能也是一种挫折，我们都知道勉强做一件一知半解的事情（常见例子是数学概念），内心会有多么不安。有的训练对象会因此感到挫折，甚至出现愤怒和攻击行为，比如小孩会嚎啕大哭并用铅笔猛戳数学课本，海豚会跳出水面并用力以身体侧击水面，马匹会左右摆动尾巴并作势想踢，狗儿会发出低吼，等等。沃克发现，在训练刺激控制时，如果他让鲔鱼出错，每次只要超过四十五秒没获得强化，它们就会生气地跳出鱼缸。我称此为"习成前低潮发飙行为"（prelearning temper tantrum）。在我看来，训练对象之所以发飙是因为它一直以为对的事突然变成不对的了，而且此时并未出现清楚明白的理由。

人类习成前发飙行为似乎常发生于长期信念受到挑战，而且心里明白新信息陈述部分事实的时候。当人理解到自己过去所学并非全然为真时，他似乎会猛烈反击，出现反应过度的情形。我在科学学术会议上谈论强化主题时，有时候会引起诸多出乎意料的敌意，包括认知心理学家、神经学专家和一位英国主教，我常怀疑那些愤怒的字眼其实就是一些人习成前症状的体现。

我看见习成前发飙行为出现总是感到难过，即便对象是鲔鱼也一样，因为运用得当的训练技巧应该能够带领训练对象适应学习上的转换，而不应引起极度挫折。不过，我把习成前发飙行为视为一种强力指标，它代表真正的学习行为终于即将发生。如果你能坦然面对，让它如暴风雨般来了又去，天空的另一端或许便会出现彩虹。

刺激控制的用途

没有人需要整天利用信号控制他人或被他人控制,生物并不是机器,我们也没有必要指使全世界,如果孩子们东摸西玩而你也不赶时间的话,那就慢慢来吧。已经辛勤工作的员工并不需要命令或指导,以没有必要的规定包围自己或他人毫无意义可言,这么做只会滋生反抗心理。事实上执行习得信号的反应必须花费气力,不断要求对方持续执行,是不应该的,何况对方也做不到。

刺激控制显然能够教出愿意合作的孩子、听话服从的宠物以及可以信赖的工作人员等,极度特定的刺激控制对于许多团体活动(如行进乐队、舞团表演)来说,也是不可或缺的。复杂习得信号做出反应时会产生一些成就感,甚至连动物也乐在其中。我认为这是因为如同在连锁行为中一样,这些信号都变成了强化物,所以人或动物在精通所有行为和信号之后,反应的执行会带来很大的强化效果。简而言之,它会成为一件很有趣的事。因此,参与信号控制的团体活动(如跳方块舞、打足球、合唱或演奏乐器等)也是一件很有乐趣的事。

当我们看到行为受到绝佳刺激控制时——例如美国海军蓝天使中队喷气式飞机特技飞行表演或儿童在教室里秩序井然——我们的称赞常着重于服从纪律的行为:"他们真

的纪律严明"或"那位老师很懂得如何维持纪律"。然而,"纪律"二字隐含着处罚之意,就像前面说的,建立刺激控制时处罚相当没有必要。

一般流传的观念是,"纪律执行者"指的是一心求完美、未达完美即施以处罚的教练、家长或训练师,而非指那些让对象朝着完美目标逐渐进步并施以奖励的人。一心想建立"纪律"的人常易试图以"照我的话做否则……"的方式获得刺激控制,由于训练对象必须犯下错误或不服从后才能知道那个"否则……"是什么,而且这个行为早已覆水难收,所以这个广为使用的方法并没有什么成效。

真正高超的刺激控制是利用塑形法及强化而建立的,它出现的成效可能被我们视为纪律的表现,不过真正应该严守纪律的人却是训练者。

没错,那么从何开始着手呢?如果你的周遭全是一些一再忽视信号、对信号不予理会的人,那该怎么办?以下是我遇上一个棘手例子时,为使改变变得有效而实用的方法:

(我看见一位来家中做客的年轻人把湿泳衣和湿毛巾放在客厅沙发上)
我:"请把湿东西从沙发上拿走,放到干衣机里。"
年轻人:"好啦,马上会去做。"
(我走到年轻人身旁站着,不出一语)

年轻人:"你怎么了?"

我:"请把湿东西从沙发上拿走,放到干衣机里。"(注意:我没有加上"现在""马上"或"我不是开玩笑的"等字句,我要训练这个人一听到请求就去做,而不是等到这个信号被进一步的信息或威胁加强之后才去做)

年轻人:"哎哟,你这么急的话,为什么不自己去做?"

(我和善地微笑不语,等着加强那个我希望看见的行为,顶嘴不是我想看到的行为,所以我不予理会)

年轻人:"好啦,好啦!"(他站起来,走向沙发,把东西拿起来,丢到洗衣间里)

我:"放到干衣机里。"

(年轻人一边咕哝、一边把东西放入干衣机。)

我:"谢谢你!"(诚恳地、不带讽刺地对着他笑)

下次当我想请这位年轻人做事时,我或许只需要看着他,他便会去做了。不用多久他将成为家中另一位迅速响应我请求的人,而我也会公平地做我该做的事——响应他合理的请求,也不会对他提出过分要求。

若能了解不须大吼大叫或逼迫也能获得刺激控制的方法,那么大家(无论是训练者还是训练对象)都乐得轻松。我女儿盖尔（Gale）高三时担任班上戏剧表演的导演，学校每年都会指派一名学生担任这项工作。她有约男女各二十名的庞大演员阵容，过程进行很顺利，演出也极为成功。演出最后一天，他们的戏剧指导老师告诉我，她很惊讶排练过程中盖尔从没骂过人，通常学生导演都会骂人，但盖尔从不曾这么做。我不假思索地脱口而出："那当然，她是动物训练师。"我从老师的表情中领悟到自己说错话了——她的学生并不是"动物"！不过，我的意思只是表示，盖尔应该知道建立起刺激控制并不需要多余的夸张做法。

　　明白如何做刺激控制的人，应学会避免给予任何无用的指示、无理的要求、无法理解的指令或无法达成的命令。如果对方无法贯彻指令的执行，他们便不会给予指令，他们总是清楚明白地告知期望，也不会因为对方反应很差而大发雷霆。他们不会以唠叨、骂人、嘀咕、强迫、乞求或威胁的方式达到目的，因为他们没有必要这么做。而当有人要求他们时，一旦他们答应了，他们一定会去做。当你让全家人、同住一屋的人或整个公司的人都受到真正的刺激控制时——所有人都遵守约定，只说必要的话而且言出必行，它的高工作效率、下命令的低必要性及迅速建立互信的情形将非常令人赞叹。好的刺激控制不过是一种真正的沟通，它是一种诚实又公平的沟通，也是正强化训练当中最复杂、最困难也最高超的一环。

第四章

反训练：利用强化去除不想要的行为

现在你已经知道如何建立新的行为了,那么如何去除现在存在的不良行为呢?

人类和动物总是会做一些我们不希望他们做的事。孩子在车子里鬼叫吵闹,狗儿整晚吠个不停,猫咪抓坏家具,室友到处乱丢脏衣服,亲戚老是打电话找茬指使人,这些都是我们不喜欢的行为。

去除不良行为的方法有八招。 只有八招而已! 无论是室友生活习惯不佳的长期行为问题,还是小孩在车内吵闹的暂时性行为问题,用来对付问题的任何方法都离不开其中一招的变化运用(这里不针对诸如精神病患者或危险狗儿等无法预测的复杂多重行为问题,我指的是单一不良行为问题)。 以下列出这八招:

第一招:毙了他(它)!(这招绝对有效,你将永远看不到这个人或这只动物)

第二招:处罚。(大家最爱用这一招,虽然它几乎很少有实际成效)

第三招:负强化。(当喜见行为出现时,即移除令动物不快的事物)

第四招：消弱，让行为自行消失。

第五招：训练一个不兼容的行为。（这招对运动员和宠物饲主特别有用）

第六招：训练这个行为只依信号出现。（然后永远不给这个信号，这是海豚训练师用来去除不良行为的最好招数）

第七招：塑形出行为的消失，强化任何不是该行为的行为。（这个友善招数可以让讨厌的亲戚转变为相处愉快的亲戚）

第八招：改变动机。（这招最为根本，也最为友善）

你可以看到，以上有四个"坏心眼"招数（即负向方法）和四个"好心眼"招数（即利用正强化的方法），每招都有它的作用。以下我将介绍每一招的优缺点，并提到该招数奏效的情境。我也会列出一些常见的行为问题（例如爱吠的狗、老爱生气的另一半，等等），并且举出如何以每一招应对的实例。

我并不推荐所有招数。例如，我认为为了解决狗儿整夜吠叫的问题而让兽医割掉狗儿声带（第一招）的方法很差劲，虽然当我舅舅的邻居抱怨他养的海狮吠声太吵时，我勉为其难地让他这么做，但我的看法仍然不变。当然，很少有人会把海狮养在自家游泳池里，以当时情境来看或许这是最好的方法。

我没办法告诉你，想要去除讨厌行为到底该用哪一招，你是训练的人，你必须自己决定。

第一招：毙了他（它）！

这一招永远不会失效，毙了他（它）之后，你绝对不会再看到对方或那只动物出现行为问题。事实上对于狗儿咬死羊的问题，这是全世界唯一认可有效的方法。

死刑便是第一招的应用，无论死刑带有什么道德或其他含义，在凶手被处决之后，他当然不可能再度犯案。第一招是以除去行为者的方式暂时性或永久性地去除行为。

开除员工、离婚、受不了肮脏室友而换室友都是应用第一招的方法，虽然换人之后或许会有新的问题产生，但是做出特定行为而令你受不了的人消失了，而那个行为也随之消失。

第一招相当严厉，当行为造成极大反感，叫人无法忍受而且似乎不太可能轻易改变时，这一招有时便很适用。举例来说，若父母（配偶或子女）施予家暴，人们有时会真的动手除掉对方，在危及性命的自卫情况下，这个做法可能无可厚非，而离家是另一种解决办法，也较为人道。

我养过一只习惯特殊的猫咪，它会在半夜偷偷溜进厨房，跑到炉口上尿尿，当我们第二天不知情地点燃炉子时，那尿味可真够熏人的。这只猫咪可以自由进出屋子，我从没当场逮到它这么做，当我们把炉口盖起来后，它就直接尿在盖子上。我没办法分析出它的动机，最后我带它去收容所安乐死了，这是第一招的做法。

第一招有许多简单常见的应用方法：大人要求老是打扰谈话的小孩回到自己房间、把喜爱追逐车辆的狗儿拴起来、让犯罪的人坐牢……我们常把这些方法误认为是处罚（第二招），事实上这些也属于第一招。这些去除行为的方法主要是限制这些人的行动，或让这些人消失，以使他们无法再出现该行为。

在第一招的方法中，有一个必须知道的要点：这种方法并没有教会对方任何事情，无论是限制对方的行动、将对方关起来，还是离婚或坐电椅，这些办法都没教会对方到底该做什么事。小偷坐过牢以后按说应该会三思而行，但事实通常很少如此，只有当他被关起来后，我们才能确定他无法偷走自己的电视。

如果某个行为能获得某种强化，而且引发这个行为出现的动机和情境都存在，那么这个行为很可能会出现。

当人或动物的行动受限时，他或它并不会重新学习行为，一旦解开狗儿的拴绳，它就会马上去追车子。你无法修正并未发生的行为，被关在自己房里的小孩可能学会了憎恨或害怕你，但是他并未学会参与社交谈话的礼貌。

不过第一招也有其用处，这个通常最为实际的解决方法并不一定都很残忍无情。当我们没时间训练或监督对方时，我们常会暂时使用限制活动范围的方式。比如把婴儿放在摇篮里或婴儿车上让他们自己玩，多数婴儿在短时间内并不会抗议。而现在大部分人让宠物犬整天待在屋里，于是让幼犬待在运输笼里已经成为辅助训练它们大小便的标准做法。狗儿喜欢睡在舒适的独享空间里，它们多半很快就会把笼子当成家，白天会自动进笼休息。

即使是年纪很小的幼犬也不喜欢把睡处弄脏，所以我们在无法看管幼犬时，把它关起来就可以减少它随地大小便的情况。而且这通常代表当你把它从笼内带出来时，它刚好需要来趟教育之旅，学习到院子里上厕所会获得强化。如果需要将幼犬关较长时间，常见做法是把它放在围栏里，在地上铺好报纸，把门半开的运输笼放在一角，以让它有空间跑跳，玩一玩，让它在需要上厕所时可以出笼。这样，我们清理起来也不难，至少在没人在家的时候，它无法跑到地毯上留下尿渍。

第一招：毙了他（它）！

第一招确实能将问题解决，但它并不一定是每种情况的最佳解决办法。

行为	解决方法
室友到处乱丢脏衣服	换室友
狗在院子里整夜狂吠	毙了它；把它卖掉；请兽医割掉它的声带
孩子在车里太吵	让他们走路；让他们坐公车；请别人开车

续表

行为	解决方法
老公或老婆回家时情绪总是很差	离婚
网球挥拍动作有问题	不再打网球
员工回避工作责任或懒惰	开除他们
讨厌写谢函	不要写谢函，这样大家以后可能就不会再送礼物给你，也没必要再写谢函了
猫咪跳上餐桌	把猫咪关在屋外或把它送走
公交司机粗鲁无礼，让你很生气	下车，改搭另一辆公交
你认为应该自立的成年子女想搬回家住	坚持拒绝

第二招：处罚

这是人类最爱用的一招。当行为出现偏差时，我们往往直觉想到处罚：骂小孩、打狗、扣薪、给公司罚单、凌辱异议分子、入侵某个国家。但是利用处罚来改变行为是很逊的做法，事实上，处罚多半不管用。

在谈及处罚的作用之前，我们先来看看尝试处罚之后，我们发现毫无效果时会怎么做。如果小孩、狗儿或员工因为做出某个行为而被处罚，且该行为又再度出现，这时我们通常不会说："唔，处罚不管用，试试别的方法好了。"我们一般会加重处罚，责骂没用的话就改用体罚，孩子成绩不及格时"满江红"就没收他的自行车，下次还不及格时则没收他的滑板。 员工工作时摸鱼？ 威胁他们。 没用吗？ 那就扣薪水！ 还是没用？ 那就把他们停职或解雇，或干脆请军队来管理。 毒打改变不了异议分子的行为？ 也许上了夹指板或其他酷刑就会有用了。

加重处罚是很可怕的做法，它永远没完没了，人们为使处罚奏效甚至到了无所不试、无所不用其极的地步。 猩猩或大象并不在乎这种事，可是有史以来，人类的脑子都被这种想法所占据。

处罚是在行为发生以后才发生的，这是它往往不管用的一个原因，如同打官司一样，在行为过后很久才发生，因此对方不一定会把处罚和自己过去的行为联想在一起。 动物永远都不会这么做，而人类也不常这么做。 如果每偷一次东西马上就会有一根手指自动脱落，或者每次违规停车时车子就会突然起火燃烧，我想赃物和停车罚单应该几乎都不会存在。

第二招如同第一招，对方不会因此学习到任何事，虽然实时的处罚可能会使当下的行为停止，但它不会导致任何行为的改进。 处罚并不能教会孩子如何让成绩变好，我们最多只能期望孩子的动机出现改变，希望他会为了避免处罚而设法改变自己的行为。

对于多数动物而言，为了回避未来的后果而学习改变未来行为的概念是难以理解的。 如果有人因为自己的猎鸟犬跑去追兔子而把它毒打得半死，那么这只狗会完全不明白它之所以被处罚是因为刚才所做的事。它很可能会因此变得惧怕主人，以后它在追兔子时听到主人一叫就会跑开，或者主人叫它回来时它会拼命飞奔而来。然而，毒打这件事对它追兔子的行为并不会产生影响。

顺带一提的是，猫咪将自己行为与处罚进行连接的能力似乎特别差，它们和鸟类一样，受到威胁时只会变得惊恐，什么也不会学到，因此人们才会认为猫咪是很难训练的。它们真的无法以处罚的方式进行训练，但是利用正强化则轻而易举。

处罚或威胁的方法无法协助训练对象学习修正行为，但会让他们学习到不被逮到的办法——当行为动机极为强烈而无法不持续行为时（例如饥饿时偷食物、青少年加入帮派）尤其会如此。在处罚体制之下，设计规避处罚的行为会急剧增加。此外，持续处罚或严厉处罚有一些极为棘手的副作用：被处罚者会出现恐惧、愤怒、厌恶、反抗，甚至怨恨等情绪，有时实行处罚的人也一样。这些情绪对学习全无帮助（除非你希望对方学习到恐惧、愤怒及怨恨，恐怖分子的训练有时便会故意这么做）。

有时候行为受到处罚后便会停止出现，这是我们一直以为处罚有效的理由之一。但它的前提是：（1）训练对象了解哪个行为会带来处罚；（2）训练对象产生行为的动机不大；（3）训练对象非常畏惧处罚；（4）训练对象有能力控制该行为发生与否（例如尿床问题便无法以处罚解决）。第一次拿蜡笔在墙上乱涂即被骂的小孩很可能不会再在家里墙壁上乱涂，不如实申报所得税而被罚款的国民可能不会再犯同样的错误。

以处罚停止行为最可能奏效的时机，是在行为刚出现不久并在它形成习惯之前，而且处罚本身对训练对象而言必须是全新的体验，具有威慑的作用，不能等到对方习以为常。

在我的成长过程中，我的父母只处罚过我两次（而且只不过是责骂而已）：一次是因为我六岁时偷东西，另一次是因为我十五岁时逃学，大家误以为我被绑架了。但这两次处罚发挥了极大效果，我立即停止了这些行为。

若要使用处罚的办法，你可能还需要设计一下，让训练对象认为是他（它）的行为导致这个厌恶刺激的，与处罚者没有关系。假设你有只喜欢睡在沙发上的长毛大狗，但你不想它这么做，处罚（责骂或其他方式）可能会使它在你在场时不上沙发，但不在时立刻又会上去。早年的训练方法是在沙发上放置小型捕鼠夹（无人在场的处罚），当狗儿跳上沙发时，捕鼠夹会马上跳起来，吓它一跳，甚至还可能夹到它。捕鼠夹处罚了跳上沙发的行为，它同时也负强化为了避免被夹而待在地上的行为。狗儿的行为会引发不快事件，一次不佳的经验便足以让它停止偷偷跳上沙发的行为。我得赶紧补充一点，这个方法不一定对所有狗儿都管用。有个拳师犬饲主提到,他的狗在第二次看到捕鼠夹时,会从沙发背上把一条毯子拉到捕鼠夹上头,让它们全跳起来,然后它自己就安然躺在沙发的毯子上。

当处罚有效地停止行为时,这个过程对实行处罚者具有极大的强化效果,于是以后处罚者很容易自信满满再度实行处罚。有些人对处罚功效深信不疑的程度总是让我感到讶异,我曾经看过严格的学校老师、恃强欺弱的运动教练、跋扈的上司和善意的父母出现这种行为,而且他们会为这种做法辩护。只要在一大堆不怎么好的结果当中出现几个成功例子,他们就尽可能地维持这些处罚行为,即使眼见其他完全不处罚的同校老师、教练、公司老板、将军、总统或家长取得同样好或更好的成果,他们仍可能坚持这种处罚行为。

处罚常带有报复的成分,实际上有些处罚者可能并不在乎受害者的行为是否改变,他只是想要报复。有时向谁报复并不重要,例如那些暗自窃喜的难搞的办事员,借着一些小细节刻意刁难他人,拖延或不让他人拿到驾照、贷款或借书证。别人受到处罚,他们得到报复。

处罚对处罚者之所以具有强化效果的另一个原因是,它显示出强势地位并有助它的维持。在小男孩的体型足以反击暴戾父亲以前,父亲会感觉到自己的强势,而且实际上也位居强势。这其实可能是人类倾向于使用处罚的主要动机:建立及维持强势地位,处罚者关心的可能不是行为，而是想证实自己具有较高地位。

等级制度、地位争夺及试探是所有社会性动物（从一群鹅到人类政府组织）的基本特质，但是或许只有人类才会利用处罚为自己获取伴随强势地位而来的奖励。

你想要的是让狗儿、小孩、配偶或员工改变某个特定行为吗？如果是这样，这是个训练问题，你必须明白利用处罚作为训练方法的缺点。但如果你要的其实是报复，那么，你应该为自己寻求有益身心健康的强化物。

或许，你真的非常希望狗儿、小孩、配偶、员工或邻国等不再违逆，无论用任何手段，你都不希望对方继续违抗你至高无上的意愿及判断力。若是如此，你所要的是争取地位，你得自己想办法，我不再多谈。

罪恶感和羞愧感是加诸自身的处罚形式，没有什么感受比被罪恶感紧紧揪住更叫人不舒服了。这是人类才发展出来的处罚方式，有些动物（尤其狗儿）或许会表现出困窘难堪的样子，但是我不认为它们会浪费时间对过去的行为内疚。

加诸自己身上的罪恶感，有的人多有的人少。有人在犯下滔天大罪之后仍感到轻松自在、理所当然，有人只是想嚼个口香糖都感到罪恶。很多人在日常生活中并不感到罪恶或羞愧，这并非因为他们很完美或者他们是迟钝的乐天派，而是因为他们在处理自己的作为时另有他法。当他们做出某项行为但日后回想起来感到不妥时，他们就不再出现这个行为，不过有些人会重蹈覆辙——在派对上出糗、对所爱的人说出无可原谅的话语——即使这些行为隔天一定会让他内疚难当。

大家可能以为害怕内疚的心理可以阻遏行为，但我们在做出将导致日后内疚的行为时，通常无畏无惧，因此以罪恶感作为改变行为的方法，它的作用与鞭打等延迟发生的处罚方法差不多——效果都不佳。

因此，如果你是这种以罪恶感处罚自己的人（我们多半都是这种人，因为从小就被教导这么做），你应该认清这个做法属于第二招。而且你可能对自己过于严格，想去除这个使你内疚的行为或许有个好理由，但改用自我处罚以外的方法或并用其他方法或许可以获得更好的效果。

第二招：处罚

这些方法极少奏效而且会越用越没效果，但仍受到广泛使用。

行为	解决方法
室友到处乱丢脏衣服	大吼大骂；威胁他这些衣服将被没收并丢掉；真的把衣服丢掉
狗在院子里整夜狂吠	出去扁它一顿；它一吠叫就用水喷它（注意：狗儿可能很开心看到你出来，而"原谅"了这个处罚。）
孩子在车里太吵	大骂他们；威胁；转身打他们
老公或老婆回家时情绪总是很差	开始吵架；把晚餐煮焦；自怨自艾、骂对方、哭泣
网球挥拍动作有问题	每次打坏球就对自己骂脏话、生气及批评

续表

行为	解决方法
员工回避工作责任或懒惰	最好在众目睽睽下骂他们或批评他们；威胁扣薪水或真的扣薪水
讨厌写谢函	以迟迟不写但同时感到内疚的方式处罚自己
猫咪跳上餐桌	打它或赶它下来
公交司机粗鲁无礼，让你很生气	记下他的司机编号，向公交公司投诉，设法让他转职、受惩或被开除
你认为应该自立的成年子女想搬回家住	让他们搬回来住，但是让他们住得很难过

第三招：负强化

负强化物是引起不快的事件或刺激（无论多么轻微），但只要行为改变即可避免或停止。举例说明：野地里有头牛伸出鼻头触碰通电围栏，它感受到电击，抽回鼻头之后电击随即消失，因此它学习到不碰围栏即可避免被电击；在碰触围栏的行为受到处罚的同时，避开围栏的行为受到了强化，这属于负强化物而非正强化物。

现实生活中到处充满了负强化物：当椅子坐得不舒服时我们会改变坐姿；我们知道下雨时最好躲进屋里；有些人觉得大蒜味能引发食欲，而有些人会觉得它令人作呕；等等。一个刺激成为负强化物的条件是：（1）行为者觉得它令人不快；（2）为了去除不快而改变了行为（例如，在公交车上为了远离满嘴大蒜味的人而换位子）。

如我们在第一章所说，几乎所有训练动物的传统方法都是运用负强化原理。当马缰往左拉时，马匹学会向左转，如此才能舒解它左边嘴角感觉到的拉力；大象、公牛、骆驼等荷重的动物为了避免被缰绳拉扯或遭棒子、刺棍、鞭子戳抽，学会了往前走、停下来或拖动重物等动作。

负强化也可用来塑形行为，它与正强化一样，必须与行为的出现有关联性，出现正确反应时必须停止这种"恼人刺激"。不幸的是，由于任何形式的"恼人刺激"都将导致行为改变，因此施予刺激的人可能同时受到正强化，如同处罚一样，它将提高施予厌恶刺激的机率。举例来说，当唠叨有效时，唠叨对唠叨者便具有强化作用，所以他将变本加厉地唠叨，有时严重到即使想要的行为已经出现，他仍持续唠叨。想想美国小说家菲利普·罗斯（Philip Roth）的小说《波特诺伊的抱怨》(*Portnoy's Complaint*)中，一位母亲在儿子探视时仍抱怨着："我们从来都见不到你。"

正强化和负强化的关联行为常交互作用。行为学家迈尔娜·利比（Myrna Libby）博士向我举了以下例子：一名小孩在店里耍脾气吵着要糖吃，家长做了让步给他一支棒棒糖，因此耍脾气的行为受到糖果的正强化，但是更为有效的是，家长的让步行为受到负强化，因为小孩在公共场所耍脾气为家长带来的不快和难堪确实消失了。

　　这个耍脾气的行为可能因此成为恶性循环的一环，家长以后为了停止该行为，将竭尽所能使用安抚、反对、争吵或强化的手段，所以孩子耍脾气的行为会逐渐变本加厉。 也正因如此，家长也不自觉地提高了强化的层级。我知道有一户人家的小孩几乎每天晚餐时都要全力演出十五至二十分钟耍脾气哭闹的戏码，这名小孩的行为和家长的焦虑反应都被紧密关联的正强化和负强化作用强烈维持，时间长达三年之久。

　　人们常常不由自主地对他人进行负强化：警告的眼神、皱眉或不满的言辞。 有些小孩日复一日的生活目的就是努力避免他人不满，但被过度处罚的小孩可能会变得充满敌意或喜欢逃避，他自己成年后也可能成为处罚者。 相反地，如果小孩成长过程中并非努力讨人欢心，而是长期努力终止他人的不满（即便只是暂时性），他成年后可能变得胆怯、自我猜疑且焦虑不安。 一位专门治疗恐惧症的治疗师告诉我，那些对人群或电梯产生莫名恐惧而妨碍正常机能的病患，他们在成长过程中，都是长期生活在负强化的要求之下的。

　　由于负强化如同处罚一样，都可以有效塑形出行为的改善，因此这个体验可能会强化训练者使用逼迫手段的意愿。 莫瑞·西德曼博士向我提及他的观察："即便极轻度的负强化，只要成功几次即可能使训练者变成奉行负强化的使用者。"

不过,由于负强化使用对方想要避免的厌恶刺激,每次使用负强化时必定存在处罚的意味。例如拉扯左侧的马缰,若马儿继续往前走便会受到处罚,这时若马匹开始向左转,这个行为便获得了负强化。传统训练师通常不认为自己的负强化物(马缰、P字链或口头纠正)是种处罚,他们会解释说,毕竟这些工具的使用都相当温和,训练师如果真的想处罚,更重的处罚方法多得是。而且他们通常会接着补充说,要是同时向训练对象给予大量称赞和正强化物,长期来看处罚对对方并不会有什么伤害。

然而,厌恶刺激的强烈程度取决于训练对象的感受,训练者视为轻度的刺激对训练对象而言可能是极度不快的。此外,依定义而言,所有负强化必定存在处罚,惯于使用负强化将使被处罚者冒着风险,因为所有无可预料的处罚的副作用都可能出现,比如逃避、偷偷摸摸、恐惧、迷惘、反抗、表现被动顺从和减少主动性。被处罚者也可能出现过度联想,对当时刚好在场的任何周遭事物(包括训练环境和训练者)表现出厌恶感,从而设法避开甚至逃离。

仔细观察传统训练利用负强化或纠错的训练方法,可以发现这种训练方式导致的副作用昭然若揭。我参加过美国全国性犬类服从竞赛,看到许多表现一流的狗儿一脸闷闷不乐,它们不但不摇尾巴而且小心翼翼不敢乱动,这个样子让我很吃惊。你也可以到骑马学校或马术活动上看看马儿是否看起来开心，多数人（甚至包括专业马术家和自认训练方法十分现代及人道的人）都不知道马儿愉悦时是什么样子，因为他们从没见过。

负强化可以是相当无害的，如前述接近羞怯骆马的例子。我女儿的狗很热情，喜欢舔我外孙的脸，但这个喜欢狗狗的一岁孩子并不喜欢被它用口水洗脸。后来他发现只要他伸出双手并且尖叫，狗儿就不会上来舔，因此每当狗儿摇着尾巴靠近时，他就摆出小朋友版本的"绝对不行"姿势，阻止了狗舔脸的行为。他对这个新行为的作用相当满意，有时也拿来用在爸妈和兄弟身上（虽然效果较为不佳）。

不过整体而言，婴儿是不适合以负强化教导的特定族群，想利用厌恶刺激阻止婴儿做他必须做或想做的事是很困难的，婴儿并不会了解暂停和责骂的意义。爬行的婴儿伸手去拿祖母咖啡桌上的小装饰物时，他很可能不会理睬大人"不可以"的警告。哪怕手被大人打了，他会哭嚎，他的手仍然会继续往前伸。这时如果应用第八招（改变动机）把东西放在她拿不到的地方，或者应用第五招（训练不兼容的行为）给她别的东西玩，或者两招并用，那么成效将大大改善。

虽然要婴儿学习避开对自己不利的事物本来就不容易，但是他们能够通过正强化快速学习，或许可以说婴儿天生就喜欢讨人欢心，但他们并不会对大人言听计从。幼年动物也比较容易通过正强化学习，容易因处罚和负强化变得困惑和惊惧。 传统训犬师通常建议等狗儿满六个月后再进行正式的服从训练，理由是幼犬年纪太小无法学习。 但真正的原因在于，正式训练一般采用厌恶刺激，而幼犬的年纪太小，无法通过这种方式学习。 你几乎可以利用称赞、拍抚和食物教会幼犬任何事情，甚至在断奶以前即可开始；但你如果以P字链强迫幼犬在你脚侧随行、坐下或定点不动，那么你在教会它之前早已把它吓得魂飞魄散了。

野生动物是另一类特别不适合负强化的训练对象，任何把野生动物（豹猫、狼、浣熊或水獭）当作宠物饲养的人都知道，这些动物不会听从你的命令、任你摆布。 例如你想用绳子牵着狼散步尤其困难，即使你把狼自小养到大而且它也相当温顺，也是如此。 如果你拉它，它会自动拉回去，而且无论这只狼平常性情多么稳定，只要你太坚持且拉得太用力，它就会变得惊慌失措、设法逃离。 如果你给一只驯服的宠物水獭系上牵引绳，那么不是你得往它想走的方向去，就是它死命和牵引绳挣扎。 轻扯牵绳似乎不会出现介于两者之间的反应，于是也就无法拿来塑形顺服牵绳的行为。

海豚也一样，即使人们大肆吹嘘它们很容易训练，但其实它们在受到任何强迫时，表现出来的行为不是反抗就是逃走。 你推海豚一把，它会反推回来。 如果以围网将海豚赶入另一个水池让它们感到过于拥挤，那么胆大的海豚将会冲撞围网，胆小的则带着无助的恐惧沉入池底。你必须先利用正强化让海豚塑形出安静地游在围网前方的行为，而且即使你已经这么做了，你在每次利用围网驱赶海豚时都必须留一个人在旁待命，以随时准备跳入水中救出因冲撞围网而被缠住的海豚，以免它因无法换气而溺死。

心理学家哈利·弗兰克（Harry Frank）认为，这种反抗负强化的行为是野生动物和驯养动物的主要区别，所有的驯养动物都能容许负强化，它们可以被驱赶成群、被牵着走、被嘘声驱赶或者大致来说可以任人随便推拉。人类可能是在有意或无意之下选择培育出它们这些特性的，毕竟如果牛无法被驱赶成群或被嘘声驱赶，而是像狼或海豚那样面对厌恶刺激时不是反抗就是惊逃，那么它们就得要么待在围栏外头过夜而被美洲狮吃掉，要么因为老惹麻烦而被杀来吃。

无论"服从"的体现方式是表现出愿意屈服的样子，还是在负强化的逼迫学习之下延迟出现反抗或逃走的反应，我们所有的驯养动物都具有这个内建反应。猫咪是唯一的例外，要教猫戴上牵引绳散步真的很难。你可以到猫秀场去看看，驯猫专业人士甚至连试也不试——猫咪不是被抱在手里就是被关在笼内，不会有人牵着它们四处闲逛。

哈利·弗兰克认为，这是因为猫咪并没有真的被驯养，因此它们缺乏接受负强化的能力。相反地，它们可能是种共栖型（commenalism）的动物，同老鼠和蟑螂一样，它们为了自身利益才与我们共享居所。不过，猫咪更可能是种互利共生型（mutualism）的动物，它们和人类互利互惠——我们人类提供食物、庇护所及拍抚，而猫咪捉老鼠、发出咕噜声并为我们提供娱乐。我们想让它们工作并服从我们吗？门儿都没有。这可能解释了有些人不喜欢猫的原因：猫咪的桀骜不驯、无法掌控令他们感到害怕。

那些讨厌猫咪的人听好了，对着猫咪的脸喷水是处罚猫咪一个极为有效的方法，这种做法可用来当作负强化。有次我穿着一套全新的黑色羊毛西装参加晚宴，女主人的白色安哥拉长毛猫一下跳到我大腿上。女主人觉得这个行为很可爱，可是我并不希望我的西装沾上白色猫毛。在女主人不留意时，我把手指放入酒里，然后把酒水弹到猫的脸上，它立即离开而且没再跑回来。这真是个不错又好用的负强化物。

第三招：负强化

负增强在某些情况下可能会奏效，而且可能是最佳的选择；当车里的小孩太累且大闹脾气，无法乖乖听话做其他事情，例如玩游戏或唱歌（第五招）时，这里提到停车的解决方式非常有效。

行为	解决方法
室友到处乱丢脏衣服	拔掉电视接线或不让他吃饭，直到他把脏衣服捡起来（当对方照着做时即停止负强化；起初即使他只随便应付一下仍予以强化）。

续表

行为	解决方法
狗在院子里整夜狂吠	狗吠叫时用强光手电筒往它的狗屋里照,停止吠叫时即关掉手电筒。
孩子在车里太吵	当吵闹的音量超过可以忍受的限度时,把车停在路旁,看看书,不理会因为停车引起的争吵,等孩子全安静下来才开车。
老公或老婆回家时情绪总是很差	当对方语调听来令人讨厌时,转过身或暂时离开房间,等到没声音或恢复正常语调时再立刻回去注意对方。
网球挥拍动作有问题	请教练或旁观者在你每次挥拍动作不对时,马上发出口头纠正("啊啊啊!"或"不对!"),逐渐练出不会被纠正的挥拍动作。
员工回避工作责任或懒惰	紧迫盯人,每次工作表现未达水准立即予以指责。
讨厌写谢函	亲友会自发给予负强化,比如艾利丝姑姑会让你知道她很担心你没收到围巾,你的家人也会让你知道你应该写谢函给她,而且他们告知你的语气绝对会让你不好受。
猫咪跳上餐桌	把透明胶带反过来(黏的一面朝上)放在餐桌边。
公交司机粗鲁无礼,让你很生气	挡住车门或站在司机身边,让他无法开车;当他停止讲话,即使只是片刻也立即移开。
你认为应该自立的成年子女想搬回家住	让这个成年子女搬回家住,但和对待陌生人一样,要求他付房租、饭钱和任何洗衣、看护孩子等特别服务费,付出足以贴补同住的费用才让他继续住。

第四招：消弱

有的人会训练老鼠压杠杆以交换食物作为奖励。在这个过程中，关掉提供食物的机器，起初老鼠仍会不断去压杆，但后面逐渐会降低压杆的频率，最后完全放弃。在这个转变过程中，老鼠的行为已经受到了"消弱"。

"消弱"是来自心理学的专有名词，它指的不是动物的灭绝，而是行为的消失，它是行为由于缺乏强化而逐渐降低发生频率的过程，有如蜡烛被烧尽而熄灭。

如果行为没有产生任何后果——不好也不坏，什么影响也没有，这个行为大概就会消失。但是，这并不代表你忽视该行为之后它一定会消失。"不理会他人"的行为本身就是一种后果，因为它极度违背我们的社会性，因此想借忽视行为达到消弱的目的不见得会管用。

若行为持续因受到关注而强化，这时候忽视它则可能奏效。我曾经观摩过美国交响乐团指挥家托马斯·施佩尔（Thomas Schippers）与纽约爱乐乐团的预演，这位指挥家作风强烈，但该乐团团员也毫不逊色。当他走向指挥台时，团员们仍在玩闹着，木管乐器小声吹着《迪克西》的曲子，小提琴拉出惟妙惟肖的人声"噢——偶！"施佩尔对这些愚蠢行为不予理会，它们很快就消失了。

在我看来，人类互动中最有效的消弱应用就是对付口头行为，比如无事呻吟、拌嘴、挖苦、咄咄逼人等行为上，这些行为若无法获得反应、无法让人动怒的话，它们就会消失。请记住一件事，"使人恼怒"的行为可能具有正强化的效果：当哥哥挖苦妹妹的发型而使她生气发飙时，哥哥便获得了强化；当同事占了上风而使你大动肝火时，你的同事便是赢家。

我们常在不经意间强化了我们希望消失的行为，小孩哼哼唧唧、呻吟抱怨的行为往往是被家长训练出来的。小孩累了、饿了或不舒服的时候可能会像幼犬一样呻吟，然而磨人功夫特别厉害的小孩却有自制力超强的父母，他们能够一直忍受不断哼哼唧唧的抱怨呻吟，直到最后终于让步："好啦，我会给你那个该死的冰淇淋，现在请你闭上嘴巴可以吗？"我们往往忽略（或不了解）正是这个最后才出现的让步，才使得这类行为得以维持，而强化物不定时出现的情形更使得行为非常耐得住考验。我曾在纽约市一家百货公司看到过一名漂亮的六岁小女孩使出堪称经典的哭喊耍闹手段。当时她大喊着"可是你说过的，你答应过我的，我不要啦"之类的话语，她的母亲、祖母和整个床单销售部门的人完全陷入茫然、束手无策的境地。依据当时的情景，我猜这个孩子逛店逛得很烦，她的行为或许其来有自，又或者她只是完全累了，不想再待下去。而她过往的学习经验都是以哭闹呻吟达成目的，这个行为最后总能获得强化。

如果你有天碰巧得应付某个老爱呻吟磨人的小孩，那该怎么办呢？ 以下是我的做法：当小孩一开始用典型鼻音哼哼唧唧抗议或抱怨时，我会马上告知小孩这招无事呻吟的招数对我不管用（这通常会让他们深思一下，因为他们不认为这是无事呻吟，而是合理当然甚至是很高明的说服手段）；当他们停止呻吟了，我会赶紧予以强化，给予称赞或拥抱；如果他忘记了又开始哼哼唧唧，我只要挑高一下眉毛或投以压制性的眼神通常就能制止这个行为。 事实上会这么做的人通常相当聪明，在孩子停用这个吵闹不休的策略后，与他们相处可能是很愉悦甚至很有趣的。

处理言语表达的行为通常会有一个问题，那就是我们往往过度重视语言，以为每字每句几乎都带着神奇力量，遇到欺压嘲弄或呻吟抱怨的情形时，我们很容易专注于对方所说的话，而不是他们的行为上。 一句"可是你答应过的"引发"不对，我没答应过"或者"我知道，可是我明天得去芝加哥，没法履行我的承诺，你不能理解吗？"之类的反应，你来我往没完没了。

我们必须划分言词和行为。 例如夫妻争吵时，"争吵"是当下发生的行为，然而争吵的主题却常成为重点。你可以据理力争，你的每句话可能完全正确（像这样的争吵录音带，治疗师得重复听千万遍），可是仍然没有处理眼前的行为——吵架。

我们除了太容易被冲突字眼吸引（"他说我是懦夫，

我才不是！"），也经常不会注意到，我们不只让自己陷入愤怒之中，而且事实上也正在强化对方的行为。就拿老是带着一肚子气回家的老公为例，他的脾气越大，老婆越会赶紧试图讨好他，对不对？她真正强化的行为是什么呢？

这时另一半若能表现愉悦，并不因此加速呈上晚餐或被搞得激动生气，对方乱耍脾气的任何表现都将起不了什么作用；相反地，冷若冰霜不出一语、大吵大闹地响应或者予以处罚都可能导致强化作用。

利用忽视"行为"但不忽视"对方"的做法，你可以使许多讨厌的行为自动消失，当它们无法产生任何好或坏的后果时，这些行为将变得毫无效果。表现敌意必须花费大量能量，如果行为无效，那么它通常很快会被舍弃不用。

许多行为本来就具时效性。当儿童、狗儿或马匹刚从缺乏活动的封闭环境中被带到户外时，他/它们一心只想奔跑及玩耍，若企图控制这个现象，你可能需要大费周章。通常随他/它们自由自在一阵子，等到他们满足了活动筋骨的欲望，然后才要求中规中矩的行为或开始进行训练，这样就会容易一些。聪明的驯马师会让年轻的马儿先进场几分钟，让它跌跌撞撞跑一跑，接着再给马儿戴上马鞍工作。

军队操练或足球训练前的热身操便有类似功用，除了可以帮肌肉热身、减少扭伤等伤害的机率外，这类"大肌肉活动"还会消耗一些多余的精力,从而让打闹嬉耍的行为消失,进行训练时士兵或球员就可以变得专心一点。

"习惯化"（habituation）是一种消除非制约反应的方法。如果训练对象暴露在厌恶刺激之下,无论怎么尝试也无法逃离或者避开,那么久而久之训练对象的躲避反应将会消失,他（它）将停止对该刺激做出反应,不会去注意它,似乎变得对它视若无睹。这个现象被称为"习惯化"。以前我住在纽约的公寓时,起初常被街道噪音吵得无法忍受。不过我像多数"纽约客"一样,逐渐学会了在警笛声、喊叫声、清运垃圾声甚至撞车声之中安然睡眠——我已经"习惯化"了。

训练警用马匹时,必须让马儿接受各种令它惊吓的无害事件,例如打开的雨伞、飘扬的纸张、全身被嘎嘎作响的金属罐子轻敲,等等。这样做可以让它们对吓人的情景和声音变得习以为常,无论市区街道上出现任何事物,它们都可以稳如泰山。

第四招：消弱

要以第四招去除自我强化的熟知行为并不管用,不过把它拿来去除那些哼哼唉唉无事呻吟、自怨自艾或取笑挖苦的行为,效果却极为见效,即使幼童也能学会（而且乐意发现）只要不给任何反应（无论好坏的反应）,年长孩子取笑他们的行为就会停止。

行为	解决方法
室友到处乱丢脏衣服	等他自己有所成长,表现成人的行为。

续表

行为	解决方法
狗在院子里整夜狂吠	这个行为具有自我强化的作用,很少自动消失。
孩子在车里太吵	有些噪音本来就正常无害,随他们去吧,吵久了就会静下来了。
老公或老婆回家时情绪总是很差	务必记住听到对方难听的话时不要出现任何反应,无论好坏亦然。
网球挥拍动作有问题	练习其他挥拍动作或步法等等,设法别去注意那个问题,让它自动消失。
员工回避工作责任或懒惰	如果这些不良行为是为了引人注目,则不予理会;不过,回避工作责任的行为可能具有自我强化的作用。
讨厌写谢函	这个行为一般会随着年纪增长而消失,生活里充满许多付账和报税等杂事,比较之下写谢函反倒成了放松自己的一件事。
猫咪跳上餐桌	对此行为不予理会,它并不会停止出现,但或许可以成功消除自己对食物出现猫毛的反感。
公交司机粗鲁无礼,让你很生气	不理会司机的行为,把车钱付了,忘了这件事。
你认为应该自立的成年子女想搬回家住	把它当成暂时对策,希望这名成年子女的财务情况改善或当前困难解决后会立刻搬走。

第五招:训练不兼容的行为

接下来介绍不用当坏人的招数,也就是如何利用正面方式去除讨厌的行为。其中一个高招就是训练对方做出

第四章 反训练：利用强化去除不想要的行为

一个不可能与讨厌行为同时存在的行为。

举例来说，有些人不喜欢狗儿在餐桌旁乞食，我自己便很讨厌这种行为——当我叉起一块牛排送到口中时，最让我倒胃口的事情当属狗儿带着它的口臭和哀怨的眼神，凑到我身边，并把爪子用力搭在我的膝上。在吃饭时把狗儿关在屋外或别的房间，是第一招的解决方式。不过，训练一个不兼容的行为也可用来控制狗儿的乞食行为，例如训练它在人们用餐时趴在餐厅门口。首先是训练它趴下，让这个行为受到刺激控制；然后再训练它在吃饭时"去那边趴下"；最后在用餐完毕后到厨房给它食物以作为这个行为的奖励。"走到别处趴下"与"在餐桌旁乞食"的行为无法兼容，因为狗儿无法同时待在两个地方，于是乞食的行为便消失了。

我曾经在歌剧预演时见过一位交响乐团指挥家运用不兼容行为的高明技巧。当时整个合唱部的歌声突然无法配合乐团的演奏，他们背起来的乐章似乎少了一拍，指挥家确认问题所在之后，在这段乐章的歌词中寻找"s"的音。他找到一个之后告诉合唱人员强调"s"音："The king' ssss coming."他们拉长"斯——斯——"音听起来很好笑，但是这么做让他们不会太快唱完这段乐章，于是这个问题被解决了。

我自己第一次使用第五招的经验是处理一个本来可能极为严重的海豚问题。我们在海洋生物世界曾经一度同时让三类表演者演出户外秀：六只轻巧优雅的小型飞旋海豚、一只硕大的雌性瓶鼻海豚（名为阿波）和一名漂亮的夏威夷女郎，其中有一段节目由她与飞旋海豚一同游泳戏耍。跟大众认知不同的是，海豚并非永远亲和友善，瓶鼻海豚尤其容易恃强凌弱。六百磅重的阿波在女演员入水后便开始找她麻烦，急速游到女演员下方再把她顶弹出水面，或者以尾巴末端来拍打女演员的头部。这些举动让女演员非常害怕，事实上也极为危险。

我们并不想把阿波从表演中除名，因为它的跳跃和花式翻转动作已让它成为节目的压轴明星。我们开始建起隔离水池，在夏威夷女郎表演时便把阿波困在里头（第一招的解决办法）。不过我们也训练它一个不兼容的行为，让它去按压一个位于池边的水底杠杆，借以得到鱼儿作为奖励。

阿波兴致高昂地学会了不断压杆以获取鱼儿，它甚至还守护它的杠杆，不让其他海豚接近。在节目演出期间，训练师把阿波的杠杆放入池内，每当女演员在水中与飞旋海豚玩耍时，训练师便强化它按压杠杆的行为。阿波无法在按压杠杆的同时又游到池中央欺负表演者，这是两个互不兼容的行为。所幸，比起欺压表演者，阿波更喜欢去压杠杆，所以欺负的行为就消失了（不过，那名女演员对这个神奇改变从来不太抱有信心，只有在阿波被稳当地隔离开来后，她才能完全镇定下来）。

对于有问题的网球挥拍动作或其他由于错误学习而出现的肌肉运动模式，训练不兼容的行为是个好方法。肌肉"学习"的速度虽然不快，但是学成之后的效果很好，当某个动作成为固定的肌肉运动模式时便很难将它去除（我幼时学习弹琴的经验十分令人沮丧，因为无论我弹哪个曲子，只要我的手指"学会"弹错某个音，之后每次都会在某个音上出错）。解决这个问题的方法之一，就是训练一个不兼容的行为。以网球挥拍为例。我们可以先在心里把挥拍动作分解成几个步骤——姿势、朝向、步法、开始挥拍、挥拍中、结束挥拍动作——然后慢慢地做出每个分解步骤，必要的话可以把单一步骤重复多次。接着，可以训练一个完全不同的挥拍动作，也就是学一套新的分解步骤，等肌肉开始学习到新的模式后，把所有分解步骤串起来一起做，再加快速度。

当你开始以正常速度使用这个新挥拍动作打网球时，你起初千万不要在意球飞出去的方向，只要练习动作的进行模式就好。此时你应该有两个挥拍动作，一个是有问题的旧的挥拍动作，另一个是新的挥拍动作。两者无法兼容，所以你不可能同时做出这两个动作，不过，旧的动作模式可能无法完全去除，但改用新动作之后可以使旧的模式出现的频率减到最少。当新动作成为肌肉习惯的运动模式之后，你可以再专心调整球的走向，从而形成较佳的挥拍动作，球的走向想必也会变得较好（我当初学钢琴时的问题本来也可以如此获得解决）。

想改变自己行为时，训练不兼容的行为相当好用，特别是面对哀伤、焦虑或寂寞等情绪状态时尤然。有些行为与自怨自艾的行为完全不兼容，例如跳舞、唱赞美诗或任何高动能的活动，甚至跑步也可以，你无法在进行这些活动时又沉溺于痛苦之中。心情不好？试试第五招吧！

第五招：训练不兼容的行为

聪明的人常运用这一招，在车里唱歌或玩游戏不但解决了父母的问题，也给了无聊的孩子事情做。遇到许多气氛紧张的情境时，分散注意力、转移注意力或使对方忙着做愉快的事情是不错的方法。

行为	解决方法
室友到处乱丢脏衣服	买个洗衣篮，如果室友把衣服放在篮里就奖励他。洗衣篮满了就和他一起洗衣服，让洗衣服成为社交互动的机会。"处理脏衣服"和"忽视脏衣服"的行为无法同时存在。
狗在院子里整夜狂吠	训练它听口令趴下，狗和我们多数人一样，在趴下后很少发出叫声。在窗口对它大喊口令，或在狗屋上装个对讲机，以口头称赞作为奖励。
孩子在车里太吵	让他们唱歌、说故事或玩猜猜看等动脑游戏，即便三岁小孩也会唱儿歌，这些都与拌嘴鬼叫的行为不相容。
老公或老婆回家时情绪总是很差	开始在对方回家后安排无法要脾气的愉悦活动，例如：与孩子玩耍或进行嗜好活动，给对方三十分钟完全属于他的个人时间通常也不错。另一半下班后也许需要一些时间放松才能够重新扮演家中的角色。

续表

行为	解决方法
网球挥拍动作有问题	训练新的挥拍动作（请见文中说明）。
员工回避工作责任或懒惰	下令要他更快或更认真完成某项特定任务，在一旁观察，当他完成时予以称赞。
讨厌写谢函	训练一些替代行为：如果有人送你支票，背书时在上头写些感谢之词，其余交给银行处理。如果是其他种类的礼物，当天晚上就致电道谢，这样你永远都不必写信了。
猫咪跳上餐桌	训练猫咪坐在厨房椅子上才会有拍抚及食物奖励，但迫切想要奖励或饥饿的猫咪也许可能因过于心急而力道过猛，跳上椅子时使它滑得老远，不过它是待在你希望它在的地方没错，它没跑到桌上。
公交司机粗鲁无礼，让你很生气	面对咆哮或霸道的行为时，以对视、礼貌性微笑和合宜的社交言词"早安！"作为对应，或者当司机骂你骂个不停，以同时的语气回应："你的工作一定非常辛苦！"这有时会引起对方客气回应，然后你便可以强化这个行为。
你认为应该自立的成年子女想搬回家住	帮他找别的地方住，哪怕你起初也许得帮他付房租。

第六招：训练这个行为只依信号出现

有些情况下只有这招能奏效，它遵从学习理论的原理，当行为受到刺激控制——也就是动物只学会在某个信号出现之后才出现行为反应——在信号没有出现的情况下，这个行为通常不会发生。你可以利用这个自然法则去除所有你不喜见的行为，只要让这些行为在受到信号控制之后不再给予信号即可。

我在训练海豚戴眼罩时第一次发现这个招数十分好用。为了让海洋生物世界的海豚表演声呐定位能力，我打算给一只名为"马酷亚"（Makua）的雄性瓶鼻海豚戴上眼罩，让它在暂时看不见的情况下利用声呐定位系统找到并捡回水底的对象。现在这个演出已经成为海洋秀表演的固定节目。

马酷亚戴上眼罩时并不会感到疼痛，但是它并不喜欢，当它看见我手里拿着吸盘时，它就会沉到池底不上来。每次在池底待了长达五分钟之后，它才轻轻摇摆着尾鳍，从水底带着"难倒你了吧"的眼神浮到水面看着我。

我的判断是，试图利用惊吓或推戳让它浮到水面应该没什么作用，而利用贿赂或引诱就显得太笨了。所以，有一天当它又沉到水底时，我吹响哨子并且给它一堆鱼作为奖励。马酷亚吐出了一个"惊讶气泡"（篮球大小的圆形气泡）——这在海豚的语言中代表"怎么回事"的意思——然后游上来把鱼吃掉。但很快它又故意沉到池底，以获取强化物。

接着我加入了一个水底声响作为信号，并且只强化它听到信号之后才下沉的行为。果然，它停止了在缺乏信号时的下沉行为，待回到戴眼罩的训练时，它便很敬业地接受戴眼罩。

我也曾利用这一招让车厢里嘈杂的孩子们安静下来。举个例子，你们正开往某个很棒的目的地（例如马戏团），孩子们此时因为兴奋而吵嚷不休，显然他们兴奋过头而无法照着第五招做（让他们玩游戏、唱歌）。我想，在这种快乐出游的情景下，你也不会想用第三招的负强化方式（停在路旁，等到他们安静为止再开车）。第六招便是应对这种情境的最佳招式：让这个行为受到刺激控制。你可以说："好，现在请大家尽可能发出最吵的声音，开始！"（你自己也加入）大概三十秒之内大家会觉得这么做很好玩，之后便会觉得无聊了。通常这样做只要重复两三次便足够维持相当安静的车内时光。或许你可以说是加上信号的吵闹行为使吵闹的乐趣丧失了，或者也可以说，刺激控制下的行为在缺乏刺激时一般会消失。或许这招的效用不只如此，但它确实有效。

心理学家斯金纳博士的女儿黛博拉（Deborah）传授我一个运用第六招的方法，可以用来控制狗儿在门口哀鸣的行为。她有一只小型犬，每当它被关在屋外时，它就会在后门哀叫，不去上厕所。黛博拉制作了一个小的圆纸板，一面是黑色，另一面是白色。她把这个圆纸板挂在屋外的门把手上，当黑色那一面出现时，即使狗儿鬼哭狼嚎，屋里的人也不会开门；但当白色那一面出现时，他们就开门让它进来。这只狗很快就学会当黑色那一面出现时不必白费力气设法进屋。黛博拉在判断时间差不多了之后，会把门打开一个小缝,将圆纸板翻个面,等狗儿一叫就放它进屋。

在我女儿盖尔养一只玩具贵宾幼犬时,我曾尝试过黛博拉的门把信号这招。彼得(Peter)是只非常小的狗,两个月大时几乎不到六英寸高,无人看管它时让它四处乱跑(即使在屋里)实在很不安全。于是当我很忙且盖尔又去上学时,我会把它关在盖尔的房间,并在房里备好食物、饮水、报纸和毛毯。当然,它在被独自关在房间里时会大吵大叫。我决定试试黛博拉的方法,为它提供一个分辨何时叫有用、何时叫不会有效的信号。我抓了身旁的一条小毛巾,把它挂在房间里的门把手上,当毛巾挂在门把手上时,它再怎么叫也不会有人理;但当毛巾被拿掉时,要求陪伴和寻求自由的小狗叫声会得到回应。

小狗马上理解了它的意义,只要毛巾在门把手上,它就放弃激动吵闹的行为。不过为了维持这个行为,我必须记住一件事,那就是当我觉得可以让它出房间时,我不能马上就让它出来,而是必须打开门,拿下毛巾,关上门,等它叫了才让它出来。只有这么做了,小狗叫的行为才能受到刺激控制(以此例而言,"无毛巾"的信号代表狗叫将获得奖励),因此也使其他状况下的狗叫行为消失了。

它的效果极佳,这种状况持续了三天,直到有天早上情况才又有了新变化。我又突然听到彼得吵人的叫声,我打开门后发现它想出了办法,利用全身力气奋力跳起来,扯掉了门把上的毛巾。当毛巾掉到了地面后，它当然觉得自由叫人开门的时候到了。

第六招：训练这个行为只依信号出现

这个方法看似很不合理，但它的效果可能出奇地好，有时甚至能够即时解决问题。

行为	解决方法
室友到处乱丢脏衣服	来个乱丢脏衣服大会，看看你和他在十分钟内可以把家里搞得多乱（这个方法很有效，有时候当较不爱干净的人看到这片狗窝景象时，反而会恍然大悟，开始整理脏乱的情形，例如乱丢的衬衫或袜子等，他以前根本看不出乱七八糟的样子，虽然你仍可能觉得他进步不大）。
狗在院子里整夜狂吠	训练狗儿在下口令后才有食物奖励，如果没下口令，叫也白费力气。
孩子在车里太吵	把吵闹的行为加上刺激控制（请见内文说明）。
老公或老婆回家时情绪总是很差	设定一个让对方耍脾气的时间和信号，例如从傍晚五点钟开始坐下来，以专心聆听和同理心强化所有的十分钟内出现的抱怨行为，在这段时间以外出现的抱怨行为则不予理会。
网球挥拍动作有问题	如果你要求自己打出坏球，并且学会故意这么做，那么当你不叫自己做时，这个有问题的挥拍动作便可能不再出现。
员工回避工作责任或懒惰	规定一个大家偷懒玩乐、不能工作的时段，在我工作过的一家广告公司里，董事长便运用这一招，效果出奇地好。

续表

行为	解决方法
讨厌写谢函	买一叠便条纸、笔记本、一些邮票、一支笔、通讯录和一个红色箱子,把东西放在箱子里,收到礼物时把送礼者的名字写在便条纸上,放入箱子里,再把红箱子放在枕头或餐盘上。在按照红箱子的信号写谢函、把信封封口、贴上邮票寄出去之前不睡觉或吃饭。
猫咪跳上餐桌	训练它依信号跳上桌子和跳下桌子(可以拿来向客人炫耀),然后再塑形拉长它等待信号出现的时间(训练到最后可以拉长到等待一整天)。
公交司机粗鲁无礼,让你很生气	不建议使用第六招。
你认为应该自立的成年子女想搬回家住	只要成年子女一离家自立,就邀请他们回来探访,明白告诉他们只有接到邀请时他们才能回来,然后不邀请他们搬回来就好。

第七招:塑形出行为的消失

当你只是希望对方停止当下的行为,但并没有特别想要他做什么时,这个技巧便很好用。例如有亲戚打电话来发牢骚,使你心生内疚,如果你喜欢这个人,不希望挂他电话(第一招),也不希望责骂或奚落他(第二或第三招),那么你就可以使用第七招。这在学术上被称为"区别强化其他行为"(differential reinforcement of other behavior,简称 DRO)。

动物心理学家哈利·弗兰克在进行幼狼社会化研究时每天都会把幼狼带入屋内,他决定要以拍抚和关注强化任何不在破坏物品之列的行为。结果他发现,在人类家中唯一可以让幼狼消磨时间而不会啃咬沙发、电话线、地毯等东西的活动就是让它们躺在床上。于是,哈利夫妇和三只越长越大的幼狼度过平静夜晚的方式便是一起躺在大床上看晚间新闻——这就是第七招。

我利用第七招改变了自己母亲打电话的习惯。那时我罹病多年的母亲居住在养老院里,我有空时便会去探望她,不过我们平日多半通过电话联络。和她通电话这事困扰我多年,因为她在电话里谈的通常是(有时完全是)她的"问题",比如病痛、寂寞、没钱等全是我无能为力的现实问题。她会从抱怨转为哭泣,由哭泣又转为一些令我生气的控诉。这种言词交流常让我感到不快,甚至到了不想接电话的程度。

我突然想到一个也许更好的解决方法。我开始留意自己与她通电话的行为,并运用了第四招和第七招。为了让她自动停止抱怨和哭泣的行为,我故意用"啊""嗯""这样噢"等语气进行响应(第四招),但没有真正的行为后果,不好也不坏。我没有挂电话或做言词攻击,我没有让任何事情发生。然后我再强化任何不是抱怨的话,例如当她询问我的子女如何、告知我养老院的新消息、讨论天气、讨论图书或朋友时,我便热切地回应这些话题(第七招)。

让我大感意外的是,在二十年冲突争执之后,我们每周通电话的内容在两个月内从泪水和愁苦转变为闲聊和笑声。 起初我母亲通电话时所挂心的事情,是"把支票寄来没有?""和医生谈过了吗?""打电话给我的社工好不好?"逐渐这些不断唠叨的埋怨转变成简明的请求,除此之外,其他时间便全被我们用来聊八卦、回忆过往以及讲笑话。

我母亲年轻时是位迷人风趣的女子,现在她又重现了这种特质。 此后,在她安度晚年的岁月里,我真的很喜欢与她谈话,无论是见面对谈还是通电话都是如此。

有位精神科医师朋友曾问我:"这样做不算是耍心机操纵他人吗?"的确如此,不过在那之前我母亲对我的行为也大有操纵我的意味。 或许某名治疗师能够说服我或我母亲以其他方式处理我们之间的问题,但这很难说。 而当时我采用第七招看来简单多了,它的目标明确。 应该强化哪种行为? 除了不招人待见的行为外都可予以强化。

第七招:塑形出行为的消失

这招需要花点心思长期去做,但它通常是改变根深蒂固的行为最好的方法。

行为	解决方法
室友到处乱丢脏衣服	每当房间整洁或室友洗衣服时即买啤酒请他喝或邀请异性来家中。
狗在院子里整夜狂吠	夜里不时到院子里去奖励它安静的行为,刚开始等它安静十分钟,再来等二十分钟,慢慢到一个小时,依此类推拉长时间。

续表

行为	解决方法
孩子在车里太吵	等到他们安静时说:"今天大家都很乖很安静,我们等一下去麦当劳!"(当开近麦当劳时再说这句话,这样你可以立即履行承诺,也让他们没机会又吵闹起来)
老公或老婆回家时情绪总是很差	动动脑筋想一些好的强化方式,当他们偶尔出现好情绪时就出乎意料地强化他们。
网球挥拍动作有问题	不理会错误的击球动作,击出好球时称赞自己(这个方法真的管用!)
员工回避工作责任或懒惰	当他某项工作的表现令人满意时对他大加赞赏(不是叫你一辈子都这样做,等建立起新的行为倾向时即可停止)
讨厌写谢函	每当你接到礼物后立即寄出谢函时,就犒赏自己去看场电影。
猫咪跳上餐桌	如果你人不在家时就关上厨房的门,不纵容猫咪一直跳上餐桌,那么奖励他不跳上餐桌,并拉长这么做的时间才可能管用。
公交司机粗鲁无礼,让你很生气	若你每天都会遇上同一名司机,那么当他没有表现粗鲁时你可以愉悦地说声早安,甚至送朵花或一瓶饮料给他,一两周内应该即可看到改善。
你认为应该自立的成年子女想搬回家住	当成年子女离家且居住在很远的地方时,强化这个行为,不要批评他们布置家的方式、公寓、装潢或选择朋友的品味,不然他们可能认同你说的,去住你家比较好。

第八招:改变动机

消除行为动机通常是最和善也最有效的方法,人在食物充足的状况下就不会去偷面包。

我总是不忍观看一个常见景象：幼童在超市里大吵大闹，母亲猛扯他的手臂要他快走。当然我们可以体谅，孩子吵闹很丢脸，猛扯他的手臂是想尽快让他闭嘴，不会像破口大骂或动手打他那么明显（不过骨科医师可能会告诉你，这个方法很容易让幼童手肘或肩膀脱臼）。孩子出现这个问题通常是因为他饿了，他受不了眼前的食物和香味。极少年轻妈妈找得到人帮忙看孩子而得以有空购物，而职业妇女在晚餐前往往必须去采购，这时候她们自己早已又累又饿，自然容易动怒。解决办法是在购物之前或购物时让孩子吃点东西，哪怕吃点任何垃圾食物都比大家被吵得心烦意乱来得好。

有些行为具有自我强化的作用，意味着行为的执行即可使它强化，吃口香糖、抽烟和吮吸拇指的行为即为此类。想去除自己或他人的这类行为，最好的办法是改变行为的动机。我小时候不吃口香糖，因为有位姑姑告诉我女孩子这样子看起来很没水平，对我来说，看起来有水平比吃口香糖的乐趣重要多了。当抽烟的动机以其他方式满足了或戒烟的动机（例如怕得癌症）大于抽烟的强化作用时，抽烟者便会戒烟。当小孩的自信变多时，小孩吮吸拇指的行为便会停止，因为他不再需要自我抚慰。

为了使动机产生改变，我们必须正确判断动机是什么，但是我们常无法做到这一点。我们最爱妄下定论："她恨我恨得入骨！""老板对我有偏见！""那孩子就是没半点好！"甚至我们常常连自己的动机也不清楚，这正是心理学和精神研究领域之所以兴起的原因之一。

即使我们自己并无偏颇的动机，我们仍需要为这种普遍误解对方潜在动机的想法付出极大代价。当我们必须仰赖医疗专业人士时尤其如此，当生理问题并非显而易见时，它极常被误判为情绪引起的问题，并且据此进行治疗，没有人会进一步检视真正原因是否与生理有关。我曾见过一位生意人为了不再"感觉"精疲力竭而接受安非他命治疗，但事实上他是因为工作过量才精疲力竭的。美国西海岸某城市有一名女子去看了六名医师，没人看得出任何显著的生理肇因，于是她的症状被诊断为精神官能症并以镇定剂治疗，在遇到第七名医师之前她几乎将被送入精神病院。这位医师发现她并不是装病，她只是因为家中暖气泄漏而受到一氧化碳的慢性毒害。我自己曾经遇过一名医师，他初次看诊时就训了我一顿，然后开镇定剂给我。但我当时的问题（我告诉过他我的猜测）并不是胡乱想象自己喉咙痛，它其实是腮腺炎的初期症状。

当然，有些动机实际上包含某种想要获得保证的需要，如果给予纾解的人被视为可信赖的权威，镇定剂甚至糖衣药丸之类的安慰剂即可起到安定心神、降低血压及纾缓症状的作用。如果你相信圣水和祷告的作用，它们也可能奏效，所谓的安慰剂效用可能也有助于巫医的存在。我不认为这有何不可，因为它的动机是获得保证的需求，一种非常真切的需求，无论你遇到何种情境，诀窍是找出动机，不要直接跳到结论。一个做法是留意是什么能真正有助于改变行为，而又是什么毫无用处。

这里的要旨是：如果你或朋友出现令人困惑不解的行为问题，那么请你仔细思考其可能的动机。不要忘记饥饿、罹病、寂寞或恐惧等可能肇因，如果有可能消除背后肇因而使动机消除或改变的话，这将是你的解决办法。

第八招：改变动机

如果你找得到方法，这一招不但有效，而且是最好的解决招数。

行为	解决方法
室友到处乱丢脏衣服	雇用保姆或管家来整理及洗衣服，你和室友都不必克服这个问题，如果你和这名室友是夫妻关系又都是上班族，这可能是最佳解决办法；或者，脏乱者可以塑形整洁者的行为，让他变得随性一点。
狗在院子里整夜狂吠	吠叫的狗儿也许感到寂寞、害怕或无聊，利用白天让它运动、给它关注，到了晚上它才会累得想睡，或者，晚上让狗伴陪它睡觉。
孩子在车里太吵	吵闹和冲突越发剧烈的原因通常是饥饿和疲累，从家里到学校的短短车程可以在车上提供果汁、水果、饼干和枕头，让他们舒适地消磨时间；遇到长途车程时，每小时停车十分钟，让他们下车动一动、跑一跑（这对家长也好）。
老公或老婆回家时情绪总是很差	鼓励对方换工作。如果情绪不佳的动机是饥饿或疲倦，对方一进门就给他吃点芝士饼干或热汤。如果压力才是问题，给对方喝杯红酒，或者呼吸新鲜空气和运动可能较为适当。

续表

行为	解决方法
网球挥拍动作有问题	不要以每场赢球为目的,转而为乐趣而打(这不适用于世界级网球选手——或者说不定也适合呢!)
员工回避工作责任或懒惰	论件给薪,不依工时给薪,任务取向的给薪方式对非西方人的雇员极为管用,这是建谷仓的原则,大家一起奋力工作直到任务完成,然后大家才能离开,好莱坞电影的制作就是如此。
讨厌写谢函	我们之所不喜欢这件事是因为它是个连锁行为(请见第六招),因此很难起头着手,尤其整个行为完成后缺乏好的强化物时更难(因为礼物早到了我们手里!)。有时我们迟迟不写的原因是我们认为要写就得写得好、漂亮或完美,但是并非如此,收到谢函的人只需知道你感激对方的心意,谢函上的华美词藻和支票上的花哨字迹也同样不具重要性,送谢函的时机恰好其时才最重要。
猫咪跳上餐桌	猫咪为何跳上桌子?如果是找食物,就把食物收起来,如果猫咪喜欢居高临下的视野,设置一个比餐桌高的架子或高台,让你可以就近抚摸它,观看厨房的视野也不错,猫咪也可能比较喜欢这个位置。
公交司机粗鲁无礼,让你很生气	避免在车上被骂,做好本分;准备好坐车的零钱,知道在哪站下车,不要挡住走道,询问问题时不含含糊糊,试着体谅塞车的心情,公交司机会情绪不佳有时实在是因为乘客太烦了。
你认为应该自立的成年子女想搬回家住	如果成人拥有朋友、自尊、生活目标、工作和居所,他们通常不会想和父母同住或依赖父母,在子女成长期间帮他们找到前三项,通常他们就会自己找到工作和居所,以后大家都可以维持友好关系。

有害无益的剥夺方法

　　动机是许多科学家毕生研究的重大课题，它超乎本书想讨论的范围，但由于不良行为的发生与动机相关，所以有必要对它展开讨论。 也许我在这里恰好可以讨论一个有时用来提高动机的训练技巧——"剥夺"。 该理论说明动物是为了获得正强化而工作，当它越需要强化物，它就越加努力工作，它的表现也将越可信赖。 老鼠和鸽子的制约学习实验常利用食物作为强化，为了提高动机，提供给它们的喂食量常比它们自发摄食量来得少，惯常做法是只给它们提供维持百分之八十五正常体重的食物量。 这种做法就是所谓的"食物剥夺"。

　　剥夺成为实验心理学广泛运用的标准技巧，以致我刚开始训练时以为它大概是训练老鼠或鸽子非用不可的方法。 当然，我们没将此法用在海豚身上，无论海豚表现如何，结束每天工作时我们都会提供足以让它们吃饱的食物，因为进食不足的海豚常常会染病死亡。

　　那时我并没有意识到，我自己利用食物和社交机会作为强化物来训练迷你马和儿童的做法会相当成功，这个做法不必事先减少原来传达情感的表现或食物量就可以获得良好成果。 难道只有在训练较简单的生物（例如老鼠或鸽子）时才需要剥夺食物吗？ 可是，我们海洋生物世界的训

第四章　反训练：利用强化去除不想要的行为

练师在利用食物强化物塑形出猪、鸡、企鹅，甚至鱼类和章鱼的行为时，从来没有想过事先让这些可怜的东西饿个半死。

我那时仍然认为剥夺对某些训练很有必要，因为它是大家广为使用的方法，直到遇到戴夫·布切尔（Dave Butcher）的海狮。我从未训练过海狮，我对它们的粗略概念是它们只能用鱼来训练、不喜欢社交、会咬训练师。我还以为接受训练的只有年轻海狮，因为我见过的所有受训海狮都相当小只，体重在一百至两百磅之间，而野生海狮可以长得相当大。

戴夫·布切尔是美国佛罗里达海洋世界的训练部主任，他着实让我大开眼界。他除了利用鱼来训练海狮，也利用社交机会和抚摸作为强化物，同时还利用习得强化物和变化性强化时制，因此他们不必让海狮饿肚子也能让它们进行表演。海狮白天表演时和表演结束之后都有足够的鱼吃，于是它们不会像饥饿的动物一样容易生气动怒。它们对熟悉的人很友善，也喜欢被碰触。当我看见几位年轻训练师在午餐时间和海狮躺成一堆晒太阳时，我大为吃惊。每名男子以一只海狮的宽广侧腹为枕，另一只海狮的头则枕在他们的大腿上。

因为没有采取食物剥夺的方法，这些海狮得以不断地长大！戴夫推测，过去接受训练的海狮体型之所以都很小，并不是因为年纪轻，而是因为发育不良。海洋世界进行表演的海狮重达六百、七百磅，活力十足，完全不会过胖。它们体型庞大，是遵从大自然的原意，而且它们表演起来很认真，每日进行五场以上的演出，场场都很精彩。

我现在存疑的是：任何试图利用剥夺强化动机的方法是不是非但没有必要，而且根本有害无益？训练之前减少训练对象的正常喂食量、受到的关注、社交陪伴或其他它喜欢或需要的东西——纯粹只是为了提高强化物的吸引力，使训练对象更需要它——这些做法只是差劲训练的烂借口。它在实验室里也许有必要，但是在现实生活里，好的训练即能产生高度动机，而非倒果为因。

解决复杂的问题

在本章列表中，我针对每个特定行为问题列出了所有八招的应用方法，有些问题显然有一两个较好的解决办法。针对狗儿夜里因寂寞害怕而吠叫的问题，我们可以把它带进屋内或提供同伴，这通常可以确保它只在真正需要警戒时才吠叫。而其他问题则可因时制宜应用不同方法。想让小孩在车里不要太吵有多种方法，也可视状况选择适用的方法。

然而，有些行为问题起源于多项肇因，已经变得根深蒂固而难以利用单一招数控制。例如咬指甲等强迫症状、经常迟到等不良习惯、抽烟等上瘾现象，这些行为都可以通过以上八招的精心运用而使之减少或消失。但是也许必须多管齐下才能让行为不再出现（再次提醒：此处只指正常个体的行为问题，不包含心智罹病者或心理受创者的行为问题）。

下面让我们来看看一些需要多管齐下才能解决的例子。

■ **咬指甲**

咬指甲是有压力的症状，有的人也可借此转移注意力，暂时纾解压力，这类行为被称为"转移行为"（displacement behavior）。狗儿在紧张的情况下（例如在半推半就之下）接受陌生人的拍抚时，可能会突然坐下来搔痒；两匹为了争夺地位而互相敌视的马儿可能会突然出现吃草的动作。转移行为经常包括梳理毛发等整理自身的行为，动物在圈养环境里可能会不断出现这类行为，这类行为甚至可能导致自我伤害。比如鸟类不断整理羽毛，直到把自己的羽毛拔光；猫咪猛舔脚掌以致破皮；人类咬指甲的行为（还有拉头发、抓痒等梳理行为）也可能如此极端，即使已产生疼痛也阻止不了这个行为。

由于这类行为确实能够暂时转移对压力的注意，所以它成为一种自我强化的行为，极难去除，事实上它会变成一种习惯，即使没有压力也会出现。在这样的情况下，第四招（消弱）有时候非常管用，当人们年纪渐长、更有自信时，咬指甲的行为将逐渐消失，不过这可能得花上数年。 而运用第一招（例如戴上手套就不可能咬到指甲）或第二招（例如让他滋生罪恶感或以责骂的方式处罚他）将无法让他学会新行为。 运用第三招负强化（也许可以在指甲上涂些难吃的东西）可能奏效，但前提是这个习惯本来就正慢慢消失（吮吸手指的行为也可比照处理）。

如果你有这个习惯，那么消除它的最好办法可能是并用四个包含正强化的招数。 首先运用第五招（训练不兼容行为），学习观察自己什么时候开始咬指甲，每当手不知不觉靠近嘴巴时，你就马上跳起来去做别的事，比如做四次深呼吸、喝杯水、上下跳一跳、伸展一下。 你在做这些事情的时候将无法同时去咬指甲（而且这些运动本身就能纾解紧张），同时还能运用第八招（改变动机），降低生活中的整体压力指数，让别人帮你分忧解难。 也许他们真的有办法帮你解决问题，何况多多运动通常有助于面对问题。 你也可以塑形出行为的消失（第七招），只要有一两只指头的指甲长出来了，就马上送自己一个戒指或好好保养一下指甲，以作为奖励。 你也可试试心理学家珍妮弗·詹姆斯（Jennifer James）的绝佳建议，让训练行为依信号出现。 选定一天时间，每当你发现自己开始咬指甲时，就记下当时困扰你的事情。 然后每天晚上选个特定时间，坐下来二十分钟，一边不断咬指甲，一边把清单上的所有困扰拿出来思考下。 久而久之，你应该就能把咬指甲的行为塑形得消失无踪。当然，若能同时配合以上其他招数，将更加有效。

■ 经常性迟到

生活繁忙的人有时会迟到，这是因为他们有太多事要处理，却必须在有限时间全部做完，例如职业妇女、刚创业或正拓展事业的人、医师等。但有些人无论忙碌与否，都容易把迟到当成家常便饭。由于有些异常忙碌的人仍极为准时，我们有理由怀疑那些常迟到的人其实是自己选择迟到。

你可能以为迟到的行为自有不良后果，会形成负强化的情形（例如只看到后半场电影、派对已快结束、让等你的人非常生气），但是这些后果更像是处罚，而非负强化物。它们处罚了"到达"的行为，而且习惯性迟到的人通常都准备了绝佳的借口，在他们被原谅时这个行为便受到了不错的强化（他们因而发展出编造借口的高明技巧，而它事实上对迟到的行为具有强化作用）。

最快克服迟到行为的方法是运用第八招（改变动机）。人们迟到的理由非常多，其中一种是恐惧，比如因为不想去上学，所以四处闲晃；另一种理由则是试图寻求同情，"小小的我真可怜，背负了太多重大责任，我没法完成这些托付"。另外还有恶意迟到（暗地里并不想和某些人在一起）和炫耀性迟到（让大家明白你的时间宝贵，有比到场更要紧的事要打理）。迟到的真正动机其实无关紧要，如果你不想再迟到，只需要改变动机，下定决心无论遇到何种状况都会把准时作为第一考虑。很快地，你将不再需要心急火燎地赶飞机或错过约会了。

我自己这辈子老是迟到，以下是我"治好"这个毛病的做法。在我决定把"准时"视为重要的事之后，我发现一些问题自动有了答案，例如："我去参加委员会议之前有时间去做头发吗？""去看牙医之前有时间先处理一些杂事吗？""我现在就得出发到机场吗？"这些问题的答案一定是"没有""没有""是的"。我偶尔还是会故态复萌，不过大致说来，选择了"准时"，让我的生活和亲友同事的生活都变得轻松多了。

如果改变动机还不够，你还可以加上第五招（训练不兼容的行为），目标是提早到达约定地点（带本书去），或者加上第七招（塑形出行为的消失）。在你没有迟到时，请给予自己强化，并且也请朋友强化你的行为，因为"不迟到"这件事对别人来说也许很正常，但是你得特别努力才做得到。同时试试第六招，依信号出现迟到的行为，选出一些你压根就不想准时到达的活动场合，告知大家你会迟到，然后再姗姗来迟。由于依照信号出现的行为在缺乏信号之后通常会消失，在没有风险的情况下刻意迟到可能有助于消除在必须准时的情况下"意外或无意间"迟到的行为。

■ **上瘾现象**

沉迷于吸收性物质（香烟、酒精、咖啡因等）的上瘾现象具有生理影响，这种作用通常让人想尽方法都戒不了瘾，而且人在无法取得这些物质时将会出现难受的戒断症状。但是上瘾现象也有极大的行为成分，有些人好似对茶、可乐和巧克力等相当无害的东西，甚至对跑步或吃东西等消遣也会上瘾并出现戒断症状。不过有些人可以轻易地控制他们的瘾头。举例来说，抽烟者多半发现自己的烟瘾如同时钟般规律浮现，如果身上的烟一根不剩，他们就会抓狂。可是有些正统的犹太教徒能够一周六天大肆抽烟，到了安息日则完全戒欲，这对他们来说，并无任何不快影响。

多数上瘾现象除了产生生理症状，也可暂时纾解压力，因此它们成为转移性活动而更加难以根除。不过由于上瘾现象具有很大的行为成分，可想而知，任何上瘾问题都可借由以上八招之一或多招并用而获得不错的改善效果。

几乎所有成瘾行为的矫治计划（包括戒酒诊所等）都非常重用第一招和第八招，让矫治患者无法取得沉迷物质，并且改变需要这些东西的动机——予以治疗而找到其他提供满足的来源（提升自尊、内心成长、工作技能等）。许多疗程也依赖第二招（处罚），一般做法是对把持不住再度犯瘾的行为大肆挞伐，因而引发犯瘾者的罪恶感。我曾经参加过一个戒烟计划，这个计划事实上对我的帮助甚大，虽然我仍不时犯规，例如参加气氛紧张的公务会议时偷偷吸别人的二手烟，但是我会有非常大的罪恶感，甚至隔天早上我还会因过度内疚而出现病状。可是这并未让我不再犯规，第二招（处罚）和第三招（负强化）对我的作用不太大，但是对某些人很有用。许多减重计划不但常着重在人们变瘦后的公开赞美，而且常强调在众人之前变胖有多么丢脸，因此有些人会努力避免遭受羞辱的可能性。

很多上瘾行为含有迷信成分，无论是吃东西还是抽烟等，这些行为碰巧与引发这种欲望的环境信号产生了意外关联性。例如每天到了某个时间点就想喝杯酒、每当电话响了就想点根烟，等等。你需要有系统地找出所有信号，在每次信号出现时克制自己不去做这个行为，让它消失不见，一个一个地让这些信号全部失效。在去除上瘾习惯时可以附带运用极为有用的第四招，这个方法很简单。例如把烟灰缸放到看不到的地方，或者全面改变环境，搬到一个完全不存在旧有引发信号的新环境（比如在美国，戒掉毒瘾的人如果马上回到熟悉的街区生活，将很难保证不犯瘾）。

人们一直以来鼓吹使用处罚的行为疗法控制上瘾现象。比如，过去曾在酗酒成瘾的人身上装上电线，他只要一拿起酒杯就遭到电击。也有让人在饮酒后引发呕吐的药物。这些方法能够奏效的前提和多数负强化物一样，必须有人在旁执行，而且最好让对方无法预测何时执行。

多数上瘾行为无法轻易利用单一方法进行改变，要对付自己的上瘾行为就应该好好研究以上这八招（行为者本身也许就是最有效的训练者），并且试着找出哪些方法可以让自己经常应用这些招数（当然，处罚除外）。

第五章

现实生活中的强化现象

我在前言讨论到斯金纳的理论时，提到叔本华曾说过："每个创新的观念会先被人取笑，然后被人大肆挞伐，最后才会被视为理所当然。"我认为观念的演化还有第四阶段：不但被人接受，而且也被理解、珍惜及利用。正强化的概念便是逐渐走入第四阶段，尤其对成长于斯金纳理论风行年代的人来说，他们毫不戒惧或毫不抗拒地接受了正强化和塑形法，如同今日的小孩轻易就接受了计算机，尽管他们的父母或许仍恐惧计算机。现在的年轻人乐意与前辈分享技巧，并用热情感染周遭的人。以下是一些令我感到振奋的例子。

强化之于运动

根据我的观察，多数团队运动（例如美式职业足球）的训练方式仍维持十分传统的原始做法——经常使用剥夺、处罚、责骂、批评或精神摧残的方法。不过个人运动项目的训练似乎正在经历剧变，事实上我正是因这个剧变的征兆才着手撰写这本书的。我曾在纽约韦斯特切斯特县（Westchester County）的一个晚宴上被安排坐在女主人的网球教练身旁,这位年轻的职业球员来自澳大利亚。 他对我说:"听说你以前训练过海豚,你知道斯金纳的那些理论吗?"

"是啊!"我回答道。

"那请你告诉我哪里能买到斯金纳的著作,我希望成为一名更棒的网球教练。"

我知道当时并没有这样的书,至于原因我至今依然不解。 不过我决定自己写一本类似的书,于是这本书就诞生了。 同时,还有一件同样让我不解与惊讶的事:眼前这位教练(想必还有一些像他一样的人)竟然完全明白自己需要什么,这意味着有些人已经有了强化训练的概念,而且还想了解更多相关信息。

当时我居住在纽约市,为了纾解困于家中,甚少活动的都市生活,也为了满足一下训练师的好奇心,我开始去上一些运动课程。 这其中包括赫赫有名的运动课程,也包括有关回力球、航船、滑雪(滑降滑雪和越野滑雪)、溜冰和舞蹈的课程。

出乎我意料的是,除了一位讲师(运动课程讲师)使用传统恫吓和嘲弄方式激发行为,其他人都运用适时正强化的方式,也经常运用十分高明的塑形技巧。 这与我早期学习运动(芭蕾、骑马和学校体育课)的经历大为不同,我从来不曾在运动上表现出色,而且对每一项运动都是既爱又怕。 以溜冰为例,我幼时曾在一家很成功的大型溜冰学校上花式溜冰课，讲师示范方法之后就让我们自行练习，直到我们做出动作为止，讲师一边纠正我们的姿势和手臂位置，一边告诫我们需要更努力。我从来学不会多数花式溜冰招式的入门技巧"外刃滑行"（outside edges）——把重心放在左脚冰刃外侧，向左滑出圆圈——所以我一直无法进步。

　　现在我到纽约一家由奥运教练管理的现代溜冰学校试上几堂课，让该学校旗下员工无论是对成人还是对小孩都使用相同的教导方式——不责骂也不催促，只要看到一点儿成绩就立刻提供强化。在这里有很多可以创造成绩的机会，不仅是跌倒后如何站起来的基本技巧，几乎所有溜冰须知的技巧都被分解成容易达成的阶段性塑形步骤。想以单脚滑行？很简单，用力把自己从墙边推开，先以两脚滑行，再抬起一只脚，维持很短的时间就好，然后把脚放下，抬起另一只脚，然后再重复所有动作，下次把脚抬高稍久一点，依此类推。整个入门班的学员，包括力气较弱的人、站得不太稳的人、很年幼的孩子和年纪很大的长者，十分钟内全都学会了以一只脚滑行，大家脸上都带着甚为惊讶和得意的表情。

　　我甚至没想到他们在第二堂课塑形出来的"剪冰"（crossover）动作治好了我幼时的平衡问题，我一直到自己在课后自行溜冰时能够自在快活地以外刃滑弯时才察觉到这一点。我的改变还不止如此！到了第三堂课我便能够做旋转动作（真的和电视上看到的溜冰选手的动作一模一样），以及灵巧的小小跳跃动作，这些全是我幼时不敢奢望做到的（起初塑形这些动作时是靠着墙练习，真是极富创意的方法）。原来，学习这类技巧的困难并非来自体能，而是缺乏好的塑形步骤。

另一个例子是滑雪。玻璃纤维滑雪板和滑雪靴的出现让一般大众也能接触滑雪运动，让这项运动不再仅限于厉害的运动员。但真正能让大众外出滑雪的原因在于滑雪方法的教授。滑雪训练一般初期利用短的滑雪板塑形出必要的行为（减速、转弯和停下来，当然也包括如何正确跌倒并站起来），通过一连串容易达成的小步骤训练，并以正强化物予以标定。我曾到过科罗拉多州的滑雪胜地亚斯本（Aspen），才上了三堂滑雪课就滑下整座山，同班滑雪新手中有些精力充沛的人在训练一周后即能挑战中级难度的坡道。

教学成效迅速的教师一直都零星存在着，但我认为过去一二十年间的改变在于，迅速产生成效的教学原则已逐渐融入标准教学策略中："不骂学员，按步骤从一做到十，每达成一个步骤即予以称赞强化，只要照着这么做，多数人只需三天就能上山滑雪。"当多数讲师利用塑形和强化收到明显成效时，其他讲师为了竞争，也必须改用新的教学方法。若每项个人运动都出现这种现象，那么这或许就是形成现今所谓"健身风潮"的关键因素，这会让运动技能的学习过程变得有效又有趣。

强化之于经营

在美国，劳工和管理阶层传统上居于对立位置，美国商业文化的同舟共济概念一直不是很普遍，商业惯例似乎注定双方尽可能想要只受不施。这从训练的观点来看当然是极其愚昧的，因而有些管理阶层也倾向于实行其他做法。一九六〇年代很流行"敏感性训练"（sensitivity training）等社会心理方法，该方法帮助主管理解同侪和员工的需求与感受。人们或许备受启发，却仍不知道如何处理员工问题。企业的现实在于，大家的职位有高有低，有人下令，有人执行。在我们的国家里，工作的情境多半不像家庭模式，也不应该走家庭模式，因此家庭式人际问题的解决方法便不适用。

最近在商业报纸及期刊上不断出现一些从训练角度出发的管理方法，这些运用强化的做法有的富含创意，有的高明至极。举例来说，一位管理顾问建议，如果一位老板必须部分裁员，那么应先找出员工工作表现最差的百分之十和最佳的百分之二十，然后解雇那些表现最差的人，但必须告诉另一群表现最佳的人，他们之所以被留下来是因为工作表现优异。这真是个"敏感"的建议！在这种人心惶惶的时期，这个做法可以省得最佳人才夜里失眠，也能发挥相当大的强化效果。除此之外，这种做法也可能激励表现中等的人追求他们眼前所见的强化物，或者避免成为表现最差的那一群人。

有些管理技巧的设计应围绕在真正能使员工感受到强化的事物上——注重什么对员工有用，而不光注重什么能够赚钱。对于中年的中级主管而言，他们的强化物可能不是升职，而是较有趣的工作任务，因为他们可能无法胜任新职位（或因为不愿举家搬迁而不想要新职位）。有家计算机软件公司基于烟雾微粒可能使产品受损的理由，给不抽烟和戒烟的员工发放现金津贴。而其他强化物的使用可扩展为自由选择上班时间（"弹性上下班制度"尤其受到职业女性的欢迎）、在自我管理的生产团队里工作以完成工作换取奖励（而非以工作时数）。

缩减开销和加速产能的计划方案实质上只是想迫使劳工不再表现得和目前一样糟，它的成效远不如一些协助劳工表现更佳再予以奖赏的计划方案，运用正强化的企业常在营运跌至亏损底线时收到成效。向来以员工福利极为完善而著称的达美航空公司即为一例。在经济衰退期间，达美航空虽然营运亏损，但它仍不愿解雇旗下三万七千名员工中任何一人，反倒给每人加了百分之八的薪水。在这种长期建立起来的正强化风气下，达美航空的员工们集资为公司买了一架价值三千万美元的新波音767客机，反过来对公司做了一次强化动作。

动物世界的强化现象

在本书中我不时提及强化理论发挥的作用,它让专业动物训练师能够让无法用暴力进行训练的动物建立起行为,这些动物包括猫咪、美洲狮、鸡、鸟和虎鲸、豚。强化式训练开启了通往新领域的探索,而我相信这个探索之旅才刚起步。

训练动物时不必先想好要动物做什么,这是强化式训练的好处之一,你可以强化任何一个它刚好自行出现的行为,再观察该行为可以演变成什么行为。没有人妄想斑海豹会"说话",但是新英格兰水族馆研究生贝琪·康斯坦丁(Betsy Constantine)注意到一只获得的斑海豹"胡佛"(Hoover)能够发出类似人话的叫声,于是她利用鱼作为强化物针对胡佛的叫声进行塑形。很快地,胡佛已经能"说"很多话。

"向这位小姐打个招呼吧!胡佛!"

胡佛以低沉喉音,清楚地说出:"嗨啊!甜心,哈——尔——呀?(英文原为 How are you?)"

这个有趣的现象引发哺乳动物学家和生物声学专家对之进行科学研究的兴趣。

对我这个行为生物学家而言,强化式训练最有用也最棒的地方在于它开启了通往动物心智的窗口。动物不具有心智或感觉的否定性说法已经盛行数十年，这种说法或许很"健康"，去除了诸多迷信、过度解读（"我的狗懂得我说的话"）和误判的情形。可是以康拉德·劳伦兹（Konrad Lorenz）博士为首的一批行为学家指出，动物具有不同的内在状态（生气、恐惧等），这些状态通过极为清楚的姿势、表情和操作表现出来，这些现象都可被辨识及解读。

如果训练者和动物彼此看得到对方，而且双方都受到保护，无法做肢体接触或伤害对方（动物在笼内或栏内，而训练者在笼外或栏外），那么这只动物便可以自由表达任何训练互动时所引发的内在状态。动物经常会因此开始向训练者表现出因此产生的社会性行为——这些信号可能是问候行为，也可能是大发脾气。如果你对某个物种一无所知，却知道这些动物对不同训练事件做出的经常性反应，那么你从半小时训练中所了解的社交信号可能比花一个月观察它与同类互动要来得多。举例来说，如果我看见一只海豚从池中跳到空中，池中也有其他海豚，它在入水时溅起了很大的水花，这时我只能推测它为什么这么做。但是如果在训练过程中，因为我没有强化一个过去它一直被强化的行为，海豚跳到空中后将入水溅起的硕大水花对准我，让我从头到脚全身湿透，那么我就可以有些肯定地说，这种跳高溅水的行为可能是种挑衅表现，而且效果也很好。

能够解读的行为还不止这些。参与简单塑形过程的野生动物可以让你在短时间内明白它们的倾向，这种倾向或可称作"物种性情"（species temperament），指的是动物在面对各项环境挑战时，不只是单一个体，而是该物种的所有个体都倾向于表现出某种应对反应。我在美国国家动物园教导管理员如何做训练时，使用许多不同物种作示范。当我站在围栏外时，围栏内的动物可以自由活动，我利用哨音作为制约强化物，并且丢入食物。结果一只北极熊极其固执，因为它坐着不动时凑巧意外获得了强化，于是它就一直坐着不动，不断流着口水，望眼欲穿地死盯着训练者长达半小时以上，期待着获得强化。对这种在浮冰上以追逐海豹维生的动物来说，如此的固执和耐性可能具有重要的活命价值。

无论大象对平时习惯的操作员多么温顺服从，我做梦也不会想到进入国家动物园的大象栏舍里。不过有了管理员吉姆·琼斯（Jim Jones）的协助，我曾隔着护栏和一头年轻雌印度象"仙提"（Shanti）进行了两次"自由发挥"训练。我决定塑形它丢飞盘，我们先从捡回飞盘开始，仙提立即开始与飞盘玩"101件事"（101 Things）的游戏，尤其会用它制造声响（吉姆告诉我大象喜欢制造声响）。仙提用飞盘制造声响的方法是先用鼻子抓住它，此后用它敲打墙壁，或者像拿着棍子的小孩一样在护栏上拖动飞盘发出噪音，或者把它放在地上，再用脚把它推来推去。我看得很开心，它真是很好玩。

仙提很快学会把飞盘捡给我，用来交换一声哨音和水桶里的零食。它也很快学会只要它站得离我稍远一点，我就必须把身子伸进去一些才拿得到飞盘。当我没上当时，它就重重给我的手臂一击，吉姆和我因此"大骂"它（表示我们不赞同这个行为，大象会尊重这个信号），它则又开始把捡回做得很好。但接下来它假装不记得如何把胡萝卜拿走，整整花了一分钟，一边用鼻子碰触着我手上的胡萝卜，一边还别有用心地探入我的水桶看看，想让我了解它偏爱桶里的苹果和地瓜。

当我开始给予它偏爱的强化物，证实自己脑筋不差又会顺着它时，它立刻故伎重施，用鼻头碰碰触触，又别有用心地瞥我一眼或与我四目相接，试图要我打开栏舍的挂锁。大象不只是有点儿聪明而已，它们实在聪明得惊人。

许多动物在塑形训练中都会表现出物种性情。有次我因为不慎而没有强化一只土狼，结果它没有生气或放弃，而是展现它的魅力，来到我面前坐着，咧嘴咯咯笑着，活像个披着毛皮的约翰尼·卡森（Johnny Carson，美国老牌脱口秀主持人）。我也曾在塑形一头狼绕过活动场地的树丛时犯下相同错误，错过应该强化它的时机，结果那头狼转过头与我四目相接，若有所思地瞪着我很久，然后跑走，直接绕过了那个树丛，我便把身上所有的食物给了它。 也许那头狼刚才衡量了情势，认为我继续看着它所以训练应仍在进行中，而它也冒险孤注一掷，看看自己是否猜得对。 狼真的是喜欢大冒险的动物，土狼如果是搞笑的喜剧演员，狼则好比是喜欢冒险的北欧维京海盗。

有些时候动物可能完全不明白强化是怎么一回事。美国国家动物园的梅兰妮·庞德（Melanie Bond）负责园内的巨型猿类的训练，她着手强化了黑猩猩"汉姆"的多项行为。 有天早上，汉姆把它的食物全收集起来却没吃掉，梅兰妮猜测它可能想带到户外吃。 当汉姆看到梅兰妮终于要开门放它出去时，它很清楚该做什么——它递了一根香芹给她。

我能够体谅生物学家为何想在毫无干扰或干预之下观察动物的自然行为，而有些人也因此反对训练，认为训练极度干预动物的行为。 我也能了解（尽管我无法同理体谅）实验心理学家为何回避只有观察记录却无数据支持的动物相关结论。 不过，我仍深信塑形训练是结合两种研究策略的有效方法，而且如果野外或实验研究工作者无法或不愿采用这个工具，他们或许会错失很多重要的发现。

想要进入人类封闭起来的心灵世界，善加运用塑形和强化可能极为重要。 我的朋友贝佛莉（Beverly）是一家多重障碍儿童收容机构的治疗师，该机构收容的儿童不是聋盲就是瘫痪或智力障碍者，她制作了一个可依麦克风声音变换闪动模式的彩灯装置对孩子进行训练。 一名脑性麻痹导致瘫痪且智力障碍的孩子"黛比"终日躺在床上了无生气、一动不动,她第一次看到这些灯时就大笑起来。她听见自己的声音被放大,看见亮灯数目变多了,立即学会了只要继续笑出声来,她便可使彩灯"跳起舞来"。 由于发现了黛比有能力使这个有趣事件发生,这名治疗师才有可能开始教导黛比如何沟通。 另一个孩子出生时即缺少部分头骨,必须永远戴着保护头盔,大家一直以为他是全盲的,因为他只会摸索着移动,而且不曾对任何视觉刺激做出反应。 贝佛莉鼓励他对着麦克风出声,好让他听见自己的声音被放大后而获得强化。 接着她发现这个男孩也会转头朝向彩灯的闪光,而且为了让灯光跳舞,他发出声音的时间越来越久,这说明事实上他是看得见的。 这时工作人员知道,他们有了一个全新的"频道"可以与这个孩子沟通并协助他。

但是这个特殊的训练玩具在该机构的工作环境之下被束之高阁,理由是贝佛莉只有硕士学历,不应该由她带头实行创新的治疗方法,且没有研究报告证实彩灯对多重障碍的孩子有帮助。 事实上,这个违反既定规范的新做法还引起了其他工作人员的嫌弃。 但是这些都不重要,重要的是强化式训练可以带来许多启发——它不但启发了训练对象,也让人更多了解训练对象。 有时只要几分钟的训练就可以产生这些启发性现象。

强化之于社会

有些人可能会认为,行为学家似乎向来宣扬人类所有行为都是学习和制约的产物,而且每个"生了病"的人(无论他是好战还是长疣)都可以通过适当的强化方式得以"治愈"。事实当然不是如此,行为是综合外在和内在反应(无论习得还是天生)的结果,个体行为是天生的,每位母亲都明白这一点(生物学家曾证实个体行为甚至出现于昆虫身上)。此外,我们的行为和情感有极大部分是我们这种社会性动物演化的结果,包括喜欢合作、善待他人的倾向——"互惠利他行为"(reciprocal altruism),也包括有人践踏我们的想法或土地时表现攻击反应的倾向("领域性行为")。然而每个人在某时某刻出现的行为或说出的话可能也视当时的生理状态、过往经验或未来期许而定,人饿得半死或患重感冒时的行为很可能非常不同于其状态舒适时的行为,无论其他影响因素存在与否。

因此,强化法并不是无所不能,我认为这没什么不对。在我的理解中,我们对行为的认识有如彼此相交的三个圆,一个圆代表斯金纳博士等行为学家以及有关学习和获得行为的所有知识,另一个圆代表劳伦兹博士等行为学家以及有关行为演化的所有知识,第三个圆则代表我们尚未透彻了解的行为(例如游戏行为),每个圆都有一部分与其他两个圆相交。

由于社会不只存在交互强化的关系，有些在集体情境下实行的社会学强化实验获得了褒贬参半的结果。举例来说，在等级性社会团体（监狱、医院或少年感化院）使用强化法时，让这一方法效果不彰的人可能正是给予强化的人。有位心理学家朋友曾向我描述过一个针对感化院少年使用的代币系统，它的先导计划成效显著，但是移至另一个机构实行时则一败涂地，甚至产生了不合及抗拒的效果。分析结果发现，负责该计划的工作人员确实依照指示强化少年上课等好的表现，可是他们在发放强化代币时没有面带微笑，这个小小失误被那些男子气概十足的少年犯视为一种羞辱（我认为这的确是正常反应），于是整个计划终告失败。

人们一直以来都把强化法应用于个人及团体身上，目的不只是培养特定行为，也用来建立符合社会价值观的个性（例如责任感）。个性通常被视为天生，不过它也可以被塑形，诸如创造力就可以被强化。我儿子迈克读艺术学校时住在曼哈顿区的一处阁楼上，他从街上捡来一只幼猫，对它强化了任何能逗他开心的"可爱"行为。我不知道那只猫心中如何定义它自己的可爱行为，不过它因此成了一只最不寻常的猫——直至中年依然胆大、专注、忠心，而且举手投足间尽是令人惊喜的表现。我们在海洋生物世界曾塑形两只海豚的创造力（这个实验已被收录在许多图书中），做法是强化任何从未被强化过的新奇行为，这两只海豚很快抓到要领，开始"发明"相当有趣的行为，竞相出现越来越奇特的行为。一般说来，即使在动物身上，创造力或想象力的多寡亦可能因个体而异，但是训练可以"改变"每只动物的创造力曲线，因此无论它原先拥有多少创造力，任何人都可能让它提高。

社会制度（尤其是学校系统）有时会因为压抑创造力（而非予以鼓励）而受到批评，我认为这类批评尽管有理，但社会安于现状的倾向也是可以理解的。那两只海豚学会发挥创意的重要性之后，它们就变成了确确实实的捣蛋鬼，打开栅门、偷取表演器材并且发明淘气的招数。喜欢求新求变的人，本质上是无可预测的，或许社会只能容许这类人存在一定的比例，要是所有人都和那些创意十足的海豚一样，那就什么事情都别想办了。于是个体创造力常受到遏阻，这也有利于集体模式的出现。或许挑战这种趋势所需要的勇气有助促成改革人士的成功吧？

我认为强化理论对社会的重大影响并不在于改变了特定行为或特定机构，而在于接受正强化后所产生的个体影响。强化就是信息——这个信息告知你哪个行为有用，如果我们拥有信息，懂得如何让环境强化我们，我们便能控制环境，不再任它为所欲为。事实上就某些层面来看，我们的演化适应度即取决于这类成功控制。

因此，训练对象喜欢通过强化法学习，并不是为了显而易见的理由——获得食物或其他奖励，而是因为它们能够实际获得一些控制环境的能力。而人们喜欢利用强化法改变其他人或动物的行为则是因为获得的反应非常令人有成就感。当你看到自己协助达成的成就使得动物变得活跃有精神、小朋友眼中闪耀光芒、人们变得自信耀眼时，这个景象本身就是极具威力的强化物，这种得到好成果的经验绝对会让人上瘾，再多也嫌不够。

强化式训练有一个令人难解却极为重要的必然后果——它会增进训练对象和训练者的感情。我在海洋生物世界工作时曾目睹多次，经过标定信号（哨音）和食物强化物的塑形训练之后，野生海豚突然变得相当温驯，允许人类拍抚并且寻求社交关注，我们完全不必特别让它习惯或训练它出现这种行为。我也看过马匹发生这种现象，有时只要训练一次就会发生。我甚至也在多种决不可能驯服或不可能作为宠物的动物园动物身上见过这种现象，这些动物表现出的样子就好像它们爱上训练者了。

训练者也很快发展出情感，我想起大象"仙提"和那匹狼"迪亚坦那"（D'Artagnan）时仍怀着敬重之意，我甚至偏爱那只脑袋不太灵光的北极熊。我相信这是因为成功的训练互动使得参与者彼此成为类化后的习得强化物：对训练对象而言，有趣、兴奋、有所回报、愉快满足的事件都源自训练者；而对训练者而言，训练对象的反应既有趣又让人有成就感。于是两者产生了相互依附的真实情感，这并不是一种依赖，只是情感依附，双方在生命过程中是共同作战的伙伴。

在人类关系的层面上，善加运用正强化可能产生深远的作用，它可以发展并强化家庭的归属感，巩固友谊，带给孩子勇气，教导他们发挥想象力。而且他们日后也将拥有高超的强化技巧，这将成就美妙的性爱关系，毕竟在某种程度上，性爱是一种交互给予正强化物的关系，如果两人都是强化对方的高手，他们很可能便是一对神仙伴侣。

善用强化法的意思并不是"不加选择"或"从不拒绝"地随便给予奖赏，人们的确会陷入这样的错误迷思。有次我看见一位母亲在街上推着婴儿车上的学步幼儿，我注意到每次小孩开始吵闹，这名母亲就停下来，拿出一小袋健康零食（葡萄干和核果）给小孩吃，然而小孩的样子看起来并不像是肚子饿，有时还会推开她的手。虽然她设法做正确的事，但是她正认真尽责地强化孩子的吵闹行为，她并没有检查孩子衣服是否皱起来没穿好，或者孩子是否有其他不舒服的地方。

没有人能完美无缺，我的提议并不是要大家必须时时刻刻想着强化，而是建议大家要以正向反应进行人际互动，取代残酷刻薄、激烈争辩、退缩不参与等普遍出现于许多家庭和机构团体中的反应。这个改变不仅将影响参与的个体，也像水滴引起的涟漪一样，向外扩散影响所属的社群。

在我看来，美国社会尽管拥有各方面的自由，却是个惩罚性社会，我们背负加尔文主义人性本恶（Calvinistic negativeness）的重负，影响我们所有制度和多数看法（无论个人的背景差异）。改而采用正强化可能带来惊人的转变，一九八一年，一个极想留住好教师的亚利桑那州小镇设立了基金会，它向地方人士募款，由学校教职员和小区人士票选五名最佳教师并授予奖金，有时金额会接近一个月的薪水，颁奖仪式在高中毕业典礼上举行，而且学生也自发地起立鼓掌，向获奖教师致意。这个计划进行到第三年时，学生和教师似乎都同样受益，当地由不同人种、族裔背景和贫富阶层构成的学生出现了高于全国平均水平的学业评比成绩。

这个故事让我觉得意义重大的地方并不是他们用来强化优秀教师的方法（虽然这个主意不错），而是它成了新闻，而且成了全国性报道。那个时候我们的文化把正强化视为一种新奇主张，不过它很快成为大众所接受的主张，不再被当成实验或狂想了。

这种转变可能会花上一代、两代或三代的时间，现在正强化已结合许多理论，而这些理论让我们能够在问题出现时进行分析，我推测时间将证明正强化概念传播力极强，不会受到压抑。但我料想多数行为学家的意见应该与我一致，都想不通为何得花这么久的时间。

人道主义者反对大部分的行为学理论，或许因为它暗示社会上所有事物可能都受到人们意图的操作，而且本该如此（其实多数事情已是如此——只不过操作成效很差）。我认为这种恐惧毫无根据，斯金纳建立在强化原则之上的假想社会"桃源二村"（Walden Two），以我身为生物学家的角度来看，这并不可能达成。理想主义者的社会（无论是假想还是实际）有时没有考虑到地位冲突等生物学事实，或者企图将它消除。毕竟我们是社会性动物，因而必须建立位阶制度，群体里竞争地位的现象在所难免，无论是在大家的认同还是在规定的领域，所有领域都一样。而且这个现象发挥一个重要的社会性功能：不管是在乌托邦理想国度中还是在马群中，位阶制度的完善存在具有减少冲突的作用。大家明白自己的位置，所以不必一直低吼表明这一点。我认为个体地位、群体地位和人类许多其他需求和倾向都过于复杂，至少以长期来看，不可能以事先计划强化的方式达到满足或超乎其上。

反过来看，令行为学家担心的是，他们看得出来在社会上许多地方正确运用强化将大有成效，但是我们一味顽固愚昧地使用错误方法，例如，我们给予他国武器和援助，期待他们与我们站在同一边。老天！这种期望自己获得好处而先给他人奖赏的方式是没有用的，甚至在最基本的层面引发适得其反的效果。（"她邀请我参加她的派对去只是想要我带份礼物给她，我真是讨厌她！""提莉姑妈今天表现得特别和蔼可亲，不知道这个老太婆这次在盘算什么？"）当然，我也不确定我们以强硬手段对付不听话的国家是否较为有效。要是他们不在乎呢？如果他们本来就想激怒我们呢？

我知道这种说法可能过于单纯，但是我认为，如果一个国家采取的做法让任何一位响片训练者都确信无效，那么持续这么做的人真的是头脑简单。无论在国家层面还是在个人层面，身为训练者的人都应该不断问自己一个基本问题：我真正强化的行为是什么？

强化原理是威力强大的工具，但是它的应用变化无穷，超乎某些人的预设，事实上有些人还宁愿它没有如此多变。运用强化有如参与一个持续改变、持续有施有受、持续成长的过程，人们会发觉这种沟通的二元双向性本质，会变得较能意识到他人，也必然因而更意识到自己。训练可以说是一个必须同时知己知彼的过程，在这一过程中究竟是谁在训练谁？其实双方都会经历改变与学习。

有些人把强化理论视为控制、操纵及限制个人的社会方法，但是如同物种改变必须从个别基因开始，社会的改变也必须先由个人开始——先从有利个人的转变开始。它不可能由控制、操纵及限制的做法达成，至少这些方法不可能是长久之计（就生物学来看，作家乔治·奥威尔的恐怖乌托邦小说《一九八四》中所描述的世界并不可能实现）。生物不只有获得食物和庇护的权利，也有处于强化性环境的权利。使用并了解强化是种个人经验，这种经验可能导致所有人受益，它与限制压抑相去甚远。它解放了我们所有人，使我们体验、察觉并增进丰富美妙的行为多样性，而非专注于行为的机械形式。

第六章

响片训练：一种新的训练技巧

日益普遍的响片训练

本书在一九八四年首度出版时,"应用行为分析"尚未得到广泛利用,三十年的海豚训练并未让它广受应用,虽然学术界人士得以在企业和机构中成功运用这一方法,但是他们尚未想出任何让人简单理解这些科学原理的办法,无法让未经训练的人士加以运用。 不过对狗儿饲主来说,这种情形开始有了转变。 兽医伊恩·邓巴(Ian Dunbar)博士是一位极具天分且举足轻重的犬类行为学家,他的文章及课程一直向狗儿饲主推荐以行为取向的无胁迫训练法,他也向大家推荐本书!

一九六〇年代,斯金纳博士是首位提议以响片训练狗儿的人,但是我认为响片训练真正始于一九九二年五月于旧金山举行的"行为分析协会"(Association for Behavior Analysis)会议,这是由训练师和科学家举办的一次座谈会。 几天后,我与训犬师盖瑞·威尔克斯、海洋哺乳动物训练师英格丽德·沙伦伯格(Ingrid Shallenberger)举办了一个有二百五十位训犬师与会的以"别毙了那只狗"为主题的讲座,盖瑞在一家卖小玩意的店里找到一些小小的塑料响片,它们不但是很棒的教学工具,也是很棒的标定信号,人们开始拿着它们训练。这场训犬讲座促成了其他讲座,我相信这些群众讲座以及由其大量衍生的图书、录像带和网络活动是响片训练运动的开始。

参加这些讲座的观众并非全是专业训练师,有些人可能只是热衷训练的业余爱好者,这些人包括律师、飞行员、警察、教师、程序设计师、公司经理、医生和记者。这群人具有活跃的兴趣喜好,精力充沛,思维条理分明。他们开始教导其他人进行这种训练,很快数以千计的人开始尝试使用响片训练,并且把它运用到我们这些创始者都望尘莫及的境界。

两名弗吉尼亚州的年轻女子制作了一段录像带,影片记录了她们如何利用响片训练狗儿做到三十余项的把戏,其中有容易的(在想出门时摇铃),也有超乎想象的难度(把狗饼干递给另一只狗)。西雅图警犬训练师史蒂夫·怀特设计了一个训练警用巡逻犬的响片训练计划,该计划中一只警犬毕业生在第一晚到街上执勤时就抓到三个"坏人"(整个过程中尾巴还摇个不停,这是狗儿接受响片训练后的特色行为)。得克萨斯州的罗丝玛丽·贝塞尼克(Rosemary Besenick)开始教导一些行动受限的坐轮椅人士(当中有些人还有发展迟缓的问题)训练自己的协助犬。爱犬人士利用响片训练狗儿进行狗展比赛的行为,让狗儿在美国威斯敏斯特（Westminster）狗展中得名。

得克萨斯州警犬训练师暨高中计算机老师凯瑟琳·韦弗（Kathleen Weaver）为响片训练人士设置了一个网络讨论区，共有两千人加入。有些响片训练人士也设置了一些供讨论问题及交流想法的网站，多位行为分析学家参与网站讨论，协助大家解决问题，让大家更了解学术专有名词。其中的主力为科学家玛莉安·布雷兰·贝利（Marian Breland Bailey）博士及其先生鲍勃。玛莉安曾是斯金纳博士的研究生，夫妇俩在网络的响片训练圈子里慷慨贡献自己的时间和训练技巧，赢得科学界同侪和一群新听众的崇敬。新墨西哥州天文学家海莉克斯·费尔韦瑟（Helix Fairweather）设立了一个网站，用来存放讨论区中最有用的留言。纽约州马术教练暨驯马师亚历山德拉·库兰德（Alexandra Kurland）发明了应用响片训练马匹的方法，不论马匹品种和训练目的都能进行，包括重新训练极度危险的攻击性马匹。

响片训练的新手也在网络上分享自己的成果。例如从没学过训练的人利用响片训练教会家中狗儿寻找钥匙或遥控器、把暖炉用的木头衔到屋里或者打开冰箱，选择正确饮料之后关上冰箱。再拿饮料给下令的人。甚至还有"捡回热狗网络大挑战"。你能训练狗儿把一整条热狗完整捡回吗？当然可以。一些真的很爱表现的人还教会狗儿捡回芝士汉堡——不过大家都同意捡回来的芝士汉堡已经沾了狗的太多口水，不太适合人类食用。

这些现象都是大家集思广益、创意发挥一项新科技的表现，这些发展以既存的科学原理作为应用，但是它不可能一次达成。如果在现实中把这么多人都收入同一个研究所中，或把许多有想法的人全部找来面对面有效沟通，那是绝对不可能的。于是加拿大响片训练师黛安娜·希利亚德（Diana Hilliard）的观察是，互联网可以让我们进行一个近似"曼哈顿计划"（Manhattan Project，美国研发原子弹的军事机密计划）的全球性计划，集结众人之智，共同运用并改善同一种新科技。

响片训练的长期附加效应

由于响片运动的爆发，我开始观察到强化式训练带来了一些让我始料未及的长期普遍效应。一九八一年我在纽约科学院（New York Academy of Sciences）发表了一篇报告，指出人们认为海豚拥有的特性（好玩、聪明、好奇、对人类友善等）或许与我们训练它们的方法有关，而非它们的天性。现在我有了第一手的证据：无论何种动物（狗、马、北极熊甚至鱼），在你以正强化和标定信号对它们进行塑形之后，它们都会变得好玩、聪明、好奇，而且对你感兴趣。你不相信鱼真的可以如此？为了录像示范，我塑形一只慈鲷穿过一个小圆圈并且跟随目标（利用手电筒的闪光作为标定信号是不错的方法），虽然这些俗称"猪仔鱼"的鱼以温驯聪明著称，但我从没见过哪条像它一样。这条鱼成了我家的"城堡之王"，为了吸引人的目光，它会把水拍溅出来并且拍打鱼缸盖，隔着玻璃和小孩碰鼻子，别家狗儿到访时它会作威胁状，把鳍和鳃张开并不断作攻击状。令人惊讶的是，在它五年寿命期间，它即使老早退休、不需上场表演、想吃即有得吃，仍表现得很好玩、聪明又友善。

还有一个我最喜欢的例子，显示只要一次训练就能够存在长期行为效应①。有天晚餐后，我为了娱乐表亲的孩子而教他们家的猫弹钢琴。我利用"good"作为标定信号，以小片火腿作为初级强化物，塑形出猫咪坐在钢琴椅上、以一只脚掌拍击琴键的行为（猫咪多半花约五分钟即能学会，它们喜欢训练人类依照它们的预期提供零食）。那天晚上以后没有人再叫它这么做，它也不再出现这个行为。

过了两年，有天早上我的表亲打电话来，他告诉我前一晚他们被楼下传来的诡异声响吵醒，似乎有人弹奏着钢琴。他探查之后发现，客厅的门一如往常，为了保暖已全关上，但平时睡在楼上卧室里的猫咪此时在客厅里，坐在钢琴椅上。我们推测，当猫咪喵喵叫或抓门的正常反应都

---

① 摘自凯伦·布莱尔博士的著作《论行为：随笔小品及研究》(*On Behavior：Essays and Research*，Sunshine Books，1995)。

失效时，它做出了弹琴这个习得行为，但这次不是为了获得食物，而是为了回到它偏爱的睡觉地点。这个做法显然很成功。

无论哪个物种，接受响片训练的另一个长期效应该是，行为一旦习得便不会被忘记。十五年前我便已知道海豚会出现这种现象，但当时我并不确定这是否海豚特有的现象。我现在已经了解更多了，传统训犬师改为采用响片训练之后普遍的反应之一是，他们非常惊讶狗儿习得行为之后竟能维持得很好，一旦行为到位了，它便不会消失，不像处罚训练出来的行为必须不断重新训练和温习。我怀疑（但据我所知尚无正式数据支持）这种行为持续存在的普遍现象不但可能是利用正强化或负面刺激进行训练的根本差异之一，也是利用标定信号或只利用初级强化物训练的根本差异之一。

突飞猛进的学习成效

另一个显著的响片训练新要素是伴随训练而来的加速学习成效。厉害的响片训练者（有些人几乎从一开始就是好手）可能在数日内就能达成传统训练必须花上数月或数年才能达成的效果。目前为止我发现最为明确的例子出现于犬类服从竞赛中，在这个领域里采取传统训练方法是相当标准的做法，测试的流程也极为制式化，人们发展及测试这些特定行为服从项目已达数十年之久，因此任何改变都显而易见。

传统训练通常必须花上一年、甚至两年才能训练出初级（Novice）选手，再花一两年培训出中级（Open）选手，再花一两年才能培训出高级（Utility）选手，而在人们利用响片训练后，训练狗儿达成相同行为的时间可以缩短很多。曾有人从买狗到完成所有三级竞赛只花了一年多的时间；还有一位狗儿饲主则在三分钟内教会她的澳大利亚牧牛犬（Australian cattle dog）趴下、过来、坐下等所有高级服从项目的手势；另有一名女子带着一只十岁大的爱尔兰牧羊犬（Irish setter）通过了初级服从的三次资格赛，分数也非常不错，她只花了三周训练时间（很抱歉我得提一下，众所皆知这不是个很聪明的犬种）。赛后不久这只狗即老死，它的饲主表示要是能在它年轻时就发现这么棒的沟通方式就好了。响片训练对于训练者和训练对象而言，都是加速的学习方式。

有些人拒绝把这些快速学习的报告当成实证，但是对我而言，它们已经成为"诊断"工具。当老练的传统训练师"跨界"到响片训练，并且兴奋地告诉我，过去得花几个月训练的行为，现在只要一周（或一个早上，或一分钟）就达成了，即便我没看到他们训练，我也可以相当确定，他们已经学到了响片训练的两个基本要素。第一，他们按响片的时间很准。第二，他们理解如何逐步但快速地一点一点地提高要求。顺带一提，另一个显示响片新手正确使用这个技术的指标是，他能够自行将训练转移到别的物种身上。例如："我今天早上教会我的马三件事情，然后我进屋里用响片训练了狗儿、猫咪和天竺鼠。"咯嗒（Click），这就对了！

如果有数据显示响片训练有多迅速，那就太有趣了！我希望未来会有一些研究生以服从竞赛人士丰富的数据，进行传统方法和这种新技术的比较研究。

去除响片

人们不想在训练对象的余生里都非得按响片给零食不可，这是反对响片训练的很常见也可以理解的想法。当然，这是个误解，维持行为并不必使用响片，任何惯用的信号和任何形式的强化物都可达到这一点。响片的用途是训练行为，一旦学习者学会了目标行为，就不再需要使用响片了。不过当你需要"解释"一些新的信息时，你可能要再度使用响片，利用响片沟通特定的信息。

举例来说，我的朋友帕特里夏·布鲁英顿（Patricia Brewington）有一只经过响片训练的被调教的雄性佩什尔马（Percheron），名为"詹姆斯"。帕特里夏和丈夫道西（Daucy）自詹姆斯还是幼马时便持续对它进行响片训练，对它完成了成马的所有工作行为训练，如载人、拉车和拉雪橇、从林子拖出砍下的木材。在詹姆斯接受过"完整的教育"之后，它就不再需要响片和食物了，它懂得服从许多口头信号和手势。看得出来，它很喜欢工作表现优异时获得称赞和拍抚等强化物，它也喜欢玩冰块、玩球、以鼻子摇动雪橇铃、回到谷仓、走出谷仓、观察人们做事的时机，以及生活里许多其他可利用的强化物。

有天詹姆斯脚上长了个脓疮，兽医要求它必须定时泡脚，所以帕特里夏拿来一桶温水放在詹姆斯身旁，把它的脚放入水桶中。詹姆斯随即把脚抽了出来，帕特里夏又把它的脚放进去，它又抽了出来。詹姆斯已是匹体型硕大的马，而个头娇小的帕特里夏没办法实行强硬手段，她也几乎从来不骂它。这时该怎么办？她回到屋里找到了响片，重新回到谷仓里，再把詹姆斯的脚放入水桶中——并且按下响片。帕特里夏以比喻的说法描述詹姆斯的反应（强化式训练师也常这么做）："噢！你的意思是要我把脚放在水桶里啊，噢，好吧！"这次并不需要给它胡萝卜，它刚才只是不明白帕特里夏要它做什么，它在理解之后并不介意这么做。

训练对象有如参与游戏

在我训练海豚期间，我曾发表了一篇报告《海豚的创造力：训练新奇行为》（"The Creative Porpoise：Training for Novel Behavior"），描述了一些我们在海洋生物世界进行过的训练。这篇期刊报告成为心理学课程的经典文章，每年都被很多教授采用，用来激发学生对操作制约的兴趣。我必须再次提醒，当时我不太清楚发明新行为的能力是否是海豚的特性，或者它是否与训练系统有关。现在我可以稍微肯定地说，创造力——或者至少实验性和主动性——是响片训练的内在副作用，训练者当然免不了会受到影响，训练对象也一样。

利用习得强化物训练时，训练对象有如参与游戏，游戏规则是想办法做出会让训练者按下响片的行为。观察小孩玩这个游戏，你应该会不加迟疑地说这个游戏会促发小孩学习的欲望，甚至让他们动脑思考。动物难道不也是这样吗？

我曾经拍摄过一匹俊美的阿拉伯母马，它接受响片训练后会依口令竖起双耳，如此一来比赛时看起来就较为机灵警醒。它显然知道响片声代表会有一把谷子吃，它知道这与自己的耳朵有关，它也显然知道它的行为可以让训练师按下响片。但是它做什么呢？它把双耳竖起来，分别转动它们：一只朝前，一只朝后，然后再对调动作，再然后把双耳像兔耳一样往两侧垂下来（我原本并不知道马匹能够刻意这么做），最后它的双耳同时朝前。咯嗒！啊哈！它自此便知道该怎么做了。这个过程迷人有趣，我们通常并不要求马儿动脑筋思考或发挥创造力，但它们看来很喜欢这么做。

在狗儿熟知响片训练之后，有些饲主变得非常习惯狗儿采取主动并多加尝试，于是在训练过程中让狗儿"自行提供"行为（无论是已习得的行为还是全新的行为）成为他们的惯常做法。许多响片训练者与狗儿玩一个游戏，我戏称为"和盒子玩的101件事"（可以用椅子、球或玩具取代盒子），它的玩法与我们在海洋生物世界激发海豚创造力的做法几乎一样，每次狗儿找到一个把玩该对象的新方法就会有人按下响片。例如你可以把纸箱放在地上，待狗儿去闻你就按下响片，然后等它用鼻子去碰纸箱时再按下响片，直到它把纸箱推来推去。接下来你可以让狗儿发现，推纸箱已经不再有用，但是用脚去抓它、把脚跨入箱内，到最后跑到纸箱里你才会按下响片。

狗儿也可能自己发明出一些行为：把纸箱拖过来拖过去，或者把它衔起来四处走。曾经有只狗在首度挑战这个盒子游戏时，把自己所有的玩具都找来，一一把它们全放入纸箱里。咔嗒！干得好！我的边境梗犬曾经把纸箱翻倒盖住自己，然后盖着纸箱乱跑，营造出箱子移动的诡异景象，这让房间里的所有人都笑得乐不可支，它似乎也因此而很开心。有些狗儿发明新行为的聪明程度并不逊于海豚，而且狗儿如同海豚和马儿，似乎都很爱玩这个具有挑战性的响片游戏。

免于恐惧的自由

"没有处罚"的响片训练引起响片训练者和其他人士的诸多争议,传统的看法(以及一些心理学家)仍然坚持必须"奖善惩恶"才能多多少少获得中性的结果,但事实上,许多传统训练的问题都直接源于处罚的使用。前面提过的那匹阿拉伯母马变得无法参加马展竞赛,问题便来自让马儿竖起耳朵的传统方法——在马匹头上挥鞭子(它们在谷仓里时就不时遭到鞭子抽打,所以它们知道鞭子很危险)。但那匹母马不但没有因此表现出警醒的样子,反而把双耳向后贴。这个行为越处罚越加剧,看起来很不上相,于是才开始使用响片训练对它进行矫正。

响片训练者发现,如果在训练当中强化想要的行为,又同时处罚(或纠正)不想要的行为,好的效应便会停止出现。首先,快速的学习速度会停止,训练对象会回到它"正常"的学习速度。再次,如果训练者很不小心,训练对象将完全停止学习——而且也没有意愿学习,这一点更糟!如同小孩不情不愿地勉强上学,一路上拖拖拉拉闲荡,狗儿也可能出现勉强的反应,而且处于训练情境时就会感到紧迫,会喘着气、打着呵欠,不想待着。但接受响片训练的狗儿常出现的情形是,它们事实上会主动引发训练,并且等不及似地跑到进行训练的地方,表现出对训练的热切。

我并不是说响片训练者从来不说"不行"。当然，你可能会因为狗儿看着桌上的小点心而叱喝它一声，或者在人潮拥挤的人行道上把牵引绳牵短些，以限制它的自由冒险。但是我们必须避免把处罚（或说得好听一点是"纠正"）当作促成学习的工具。在进行训练时，动物可以自由冒险试验、乱猜或设法自己发明出可能被强化的行为，如果它猜错了，也没关系。最糟糕的不过是响片不会响。在这种安全的状况下，训练对象会很快发现一些表现自己最佳能力的方法，而这些方法将带来很棒的成果。

学习与乐趣

另一个人们不断反馈的响片训练附加效应就是，训练对象的行为会出现全面性的改变。受到处罚或参加纠正训练的动物学习到，能少出力就尽量少出力，只要不被处罚就好，这类训练对象就像是"好士兵"一样，很听话，但是不会主动。在这种训练体制之下，即使训练对象很服从，他们/它们较感兴趣的事仍是自己的私生活和行为，而不是你或任何上级想要什么，所以他们/它们不但很容易被干扰所吸引，而且期待干扰的出现。此外，他们/它们在被过度要求或被处罚过头时，会生气或者放弃训练。我们在家犬、员工或学校里的孩子身上都看得到这些行为。

相反地，响片训练对训练者和训练对象而言都很好玩，"玩"是一个要素。我曾见过一名发展迟缓的青少年，当她做出某个新行为而获得响片声时，她笑了起来。而且她在看见响片时，会比出"来玩"的手语，而老师并不知道她原来懂得这个手语。响片训练者学会辨认出动物的游戏行为，这是训练对象已经意识到哪个行为会被强化的征兆。当它们的"灯泡亮起来了"（比喻"恍然大悟"，响片训练者一般这么描述），狗儿会蹦跳吠叫，马儿会腾跃甩头，据说大象还会绕着圈子跑并发出叫声。它们很开心，也很兴奋，这个现象本身即具有强化作用。这些情形都是可预期的，也会一再出现，而且它们几乎都伴随出现生理变化，这类反应都是值得好好研究的。

在动物有这种程度的参与度后，响片则变得威力无穷，比食物有用得多，响片和它的声音变得具有强化作用。以下是一个例子：黛比·戴维斯是位响片训练课程讲师，教导残障人士训练自己的服务犬，她自己也是轮椅残障者，以一只蝴蝶犬作为服务犬。这种小小的黑白相间的宠物犬种体型就像猫咪，虽然它的个头袖珍，却非常聪明，可以捡回铅笔、找到电视遥控器、取出干衣机里的衣物。当黛比和它去上训犬课时，这只小小的狗儿会从她大腿上跳下来，在椅子底下穿梭，跑到人们的包包里去偷响片，好像在说："妈咪，这里还有，这些东西越多越好，不是吗？"

将响片训练融入日常生活

学习原理如同物理定律，对我们任何人都有效，可是要想象它在我们身上发挥作用却不见得容易。响片训练新手常问："把响片拿来对付小孩（或老公、老婆）有用吗？"然后一边尴尬地咯咯笑。它当然会有用，但是你必须先学会方法，例如等候喜欢的事情出现并做强化，而在看到不喜欢的事情时必须闭上大嘴。这些都有违人的直觉，需要经过一些练习才做得到。

我们发现，与宠物一起体验响片训练其实是最佳的起步点，人们会因此开始类化他们所理解的事情。参加响片座谈的人聊道——

"我不再对我的狗又抽又拉地处罚了，我才顿悟到，我居然这么对待自己的孩子！"

"我以前用下令和纠正的方法对待我的牙医诊所同仁，现在我开始使用塑形和强化法，你知道吗？人事流动率已经降到零。"

"这个做法对我的狗很好——而对我而言，它改变了我和我生命中每个人的关系。"

响片训练既简单又直接，它不只给人们带来思想上的深省，也带来一种新的应对策略，可以应用于许多不同的行为情境。

现今这种转移应用情境的做法在响片训练界司空见惯，拥有专业教职的响片训练者——例如高中教师和大学讲师、特教教师、物理治疗师、机构照护者等——都在工作上运用这项技巧。一些子女有发展迟缓或残障问题的父母与我分享过他们和自己孩子运用这些新技巧的感想，一位母亲运用塑形和强化教导患有孤独症的女儿与人进行适宜的社交对话。这些父母增进了失能子女的技能，从吃饭穿衣到走路说话，用的就是强化物和一个标定信号。

强化式训练并不能修复肢体缺陷或神经缺损，也无法取代专业人员的协助，但是它可以使所有人的日子变得容易一些。父母可以学到如何塑形出合宜的行为，避免不经意间增强不宜的行为：增强安静的行为，而非吵闹；强化游戏行为，而非耍脾气。他们并没有"把自己的孩子当成动物对待"——这种观点是最常拿来攻击这种做法的普遍偏见。响片训练的重点不在于训练对象是人还是动物，而是更好的教导及学习方式。

最棒的一点是，一个人不需要拥有博士学位也能拥有有效的塑形技巧。最近我与女儿全家一同出游，在驾车返家途中，她一岁两个月大的儿子开始大吵大闹。他并没有哭（至少当时还没哭），他只是因为车程太久而且一直被困在安全座椅上而大声抗议，但是我们还有二十分钟的车程。一起坐在后座的七岁孙子威利（Wylie）处之泰然地解决了小弟弟的吵闹问题，做法是强化越来越久的安静时间，标定信号是什么呢？ 威利的微笑！ 强化物呢？ 威利的棒棒糖！

我最近教授了一个有关塑形及强化的课程，对象是五十来位教育界人士，我要求他们交一个有关塑形训练的作业。 莎伦·艾姆斯（Sharon Ames）是位语言治疗师，她选择给自己三岁半的双胞胎进行塑形。 虽然晚上八点是双胞胎的上床时间，但每天晚上要让这两个小宝贝上床睡觉得花上三小时以上的时间，莎伦开始以投入瓶子的零钱作为强化物，双胞胎在第二天早上便可以拿零钱换取奖赏。 第一天晚上两个孩子每完成一个上床的准备工作就会获得"咯嗒声"（此处即投入一个零钱）：跳进浴缸，咯嗒！ 离开浴缸，咯嗒！ 穿好睡衣，咯嗒！ 依此类推。 接下来，关上灯以后，如果莎伦每次回来检查时看到他们仍在床上（不必在被子里，只要在床上），那就咯嗒一下！（当然，也会投下零钱）

第一天晚上的前半个小时里，她每隔一分钟就去检查一次——这样就有了三十次咯嗒声，之后一个小时改为每五分钟去一次，此时双胞胎已睡着了；第二个晚上，她把检查的时间间隔拉大一点儿，每十分钟才去一次，不到一个小时他们就睡着了；第三天晚上他们立刻睡着了。 在三天内双胞胎从上床到睡着的时间从每晚三个小时减至约二十分钟，这个时间还挺适当的，之后一直维持不变。 这对双胞胎很赞同响片的做法："我们可以再多玩玩响片游戏吗？"当然，莎伦和丈夫获得的强化物才是真正的大奖，他们因此有了充足的夜间睡眠。

艾姆斯一家把响片训练融入了日常生活（莎伦告诉我，他们发现偶尔才按一次响片并且加大强化物的话，它的效果会更好），莎伦的母亲有时会帮他们看孩子，莎伦也教她如何在孩子身上使用响片。然后她母亲认养了一只狗，但她常抱怨这只新宠物有些问题行为，沙伦建议她为何不试试响片呢？她母亲半信半疑地说："嗯，是啊，这招对小孩效果奇佳，但是你真的认为它对狗也有用吗？"

更多应用在人类身上的做法

撰写本章的同时，我正亲自参与推进两项应用于人类的响片新计划。一项计划利用响片训练飞行，此处的响片是一个"黑盒子"电子响片声，连接到飞行员的耳机，响片声不但较为精确，而且能够提供其他方式无法做到的强化方法。例如飞行员在转头去看仪表时，他们的手不应该抓着方向盘，以免不小心使机身转向。然而，我们开车时早已学会了不可把手拿离方向盘。要去除习得行为永远比训练新行为来得累人，口头提醒或告诫的时间太长，而且发生时间也太迟。不过即便双手只稍微离开方向盘，响片声也能标定这个行为，并且使这个行为永久维持。

飞行教练也可以在学生表现主动性及完善思维时按下响片，例如在提醒出现之前即主动巡视仪表，因此响片可以利用非口语的方式奖励非口语行为，在发生当下即做出奖励。我儿子迈克·布莱尔是飞行员，也是推进这个计划的负责人。他在呈报初步资料时发现，在学习技能（例如仪器飞行）方面，响片似乎可以较快地建立起执行能力，并且可以长期维持习得行为。自从我们开始这个计划，每位与我交谈过的飞行员在听到不用经常回到飞行仿真器练习即可维持仪器飞行评比及技能时，都竖起了耳朵。

响片训练对学生而言也有趣多了。迈克说："当你认为应该会有响片出现却没有时，你会增加动作，更加努力试图找出自己应该做的事。等到响片响时，一种胜利的感觉油然而生，这比被骂的感觉好太多了！"

第二项计划与我在麻州索斯伯勒市（Southborough）新英格兰儿童特教中心（New England Center for Children）的顾问工作有关。这个中心有五百名员工和两百名学生，是美国专门发展障碍儿童教育的领导机构之一，它尤其注重孤独症儿童的教育。我们正在探索使用事件标定器（响片或其他方式）的可能性，对象是诊断出有孤独症等发展障碍的儿童。该中心里活力充沛的年轻教师对这些挑战性高的儿童提供日夜不休的一对一照料，他们都是大学毕业生，通常主修教育或相关学科，中心向他们提供行为分析应用的密集在职训练课程。在教育专业技能之外增加响片的使用，它可为那些对语言无法响应或不作响应的儿童传递一项清楚明白的正面信息，而且它的反馈也可以让教师明白自己是否抓准了时间点、标准的调整是否适当。

我在该中心担任一年半的顾问，我觉得我们极有希望能将一些初步观察整理成记录。我们注意到在教导障碍儿童学习一些通常会训练他们的行为时，利用标定信号和他们偏好的零食似乎很有帮助，这类行为包括改善肢体技能、增进眼神接触、参与意愿和听从指示。有些与我合作的教师利用响片训练使动辄激动的儿童减轻反抗或不再反抗，以进行必要的程序，如刷牙、剪头发和量体温等，而是可以有时他们真的看起来很开心。

我希望强调的是，这些说法都尚未经过科学验证。新英格兰儿童特教中心是一个以研究为导向的机构，它的一大优势，就是它的研究不仅可使我们这些响片训练者不再停留在运用响片的趣闻轶事和叙述性作用上，而是可以为学习理论及应用提供数据支持。

接下来的发展呢？行为分析协会不断有训练师加入，并且在年会上发表报告并经常举办座谈。同时训练界人士不断地探索这项科学，有些人甚至回到学校进修学位。我们正学习如何命名我们以前完全凭直觉运用的概念，并且学会辨识它们是什么样的概念，例如"精进度"（fluency）、"延宕时间"（latency）、"引证"（adduction）。

我从行为分析协会的活动中惊讶地发现，有一群研究界和教育界人士在学校里也见到我们响片训练者所看到的现象，他们发展出来的应用方式被称为"精准教学法和直接教学法"（Precision Teaching and Direct Instruction），该方法的效率极佳。我参观过其中一个实行该教学法的主要地点"晨兴学院"（Morningside Academy），这个位于西雅图的实验学校由肯特·约翰逊（Kent Johnson）博士创办，校长为乔安妮·罗宾斯（Joanne Robbins）女士。该校每次只收六十名学童，多半是患有注意力缺失症（attention deficit disorder）、过动症（hyperactivity）或学习障碍（learning disabilities）的孩子，且只有学习进度至少落后两个年级的孩子才能入学。它的学费相当可观，但是如果孩子入学后每年赶上的进度不到两个年级即可要求全额退费。

从来没有人向他们要求过全额退费，他们是如何做到的呢？为了让孩子获得好成绩，他们把每个孩子需要学习的所有事情都分解成许多小步骤，训练孩子一个步骤一个步骤地完成，每次的训练时间极短，由孩子自己追踪进度。它的成效具有自我强化的作用——挑战自己前一次所花的时间，并且提升自己的技能程度。不过他们也获得其他的强化物，例如玩计算机的时间或玩计算机游戏（这些游戏的设计当然也依据逐步调整的强化时制）。

有时孩子教育的小小缺失会导致层出不穷的问题，但是这些缺失很容易解决。在一间教室里,我从一名九岁男孩身后探头看他做什么,他试图在一分钟内不断重复把从零到九的数字全部写一遍,为的只是获得一声响片。他很聪明,但是学校系统的教育方式没法教会他如何清楚快速地写下数字。这个小小的训练缺失很可能造成他往后人生的梦魇,可能影响他在做代数题目或写下女孩子的电话号码时的表现,所以现在就得解决这个问题。

当然,这只是操作制约运用在教育上的一个小例子,晨兴学院的教育模式正日渐普及,约翰逊博士和乔·莱因(Joe Laying)博士也在芝加哥学校系统里进行一项规模较大的计划,其他相关计划也在各地展开。

我的希望及期待是,如果想要使学校系统转型成真正有效的教育模式,它应该由科学、改革人士(如约翰逊博士和莱因博士等)及家长三方并进。而要使任何一方发挥作用,则必须从自己做起,不能只雇来专家,然后对他们说"解决我家狗的问题""解决我家小孩的问题",或者"解决学校系统的问题"。你自己才是主要的训练者,而教育是一种参与性的活动。

世界各地的响片训练

我相信过去十五年间大家对这个科学领域的态度已经大为改观,有些人听到斯金纳的名字仍会惊颤,因为他使这些人心中浮现美丽新世界①、心智控制和电击的影像。不过，已经有更多人能够正常接受正强化的概念。

当然，有些人只是口头说说，设立响片网络讨论区的凯瑟琳·韦弗指出，做训练的人提到的"响片训练"并不只是使用响片的意思，响片的"使用者"可能自称"正向训练者"或"动机训练者"，他们或许借用了"响片"这个特殊器具标定他们想要的特定行为，但是仍然利用处罚、肢体胁迫等传统训练使用的所有不快刺激作为训练工具。

相反地，响片训练者可能利用任何刺激作为标定信号，他们不认为响片本身具有任何不可思议的神奇魔力，他们刻意避免迷信行为（例如加剧处罚的行为）。他们的工具箱里装着全套的塑形和正强化技巧以及相关的操作制约原理，无论他们是训练儿童或成人、马匹、狗儿还是其他任何动物，他们都可取得成效：加速学习、行为历久不忘、快乐且参与度高的训练对象以及完完全全的乐趣，这些成效全来自响片训练的技术。

或许，使用这个新技术的人将来会帮它取一个比"响片训练"更为独特的名称，我希望会如此，不过这个最终的名称也许不会是英文。多亏有了互联网，响片训练已扩展到全球各地，某天在响片训练讨论区里可能出现使用麋

---

① 赫胥黎所著的批判科技的科幻小说《美丽新世界》(*Brave New World*)。

鹿骨哨的芬兰雪橇犬训练者（因为金属哨子会冻黏在嘴唇上），改天又出现波斯尼亚的贵宾犬饲主或新加坡的兽医，或者出现英国女子描述她如何训练自家养的刺猬。一九九八年，我的网站（www.dontshootthedog.com）在一个月内即有十五万次浏览次数，每个月至少有来自四十个不同国家的人点击。

在所有这些分享的往来信息、试验和发现当中，有一种蔚为风尚的兴奋感受，任何科技的发展初期应该都是一样的。例如飞机出现的早期，或收音机刚出现的时期，偏远农场的孩子打开矿石收音机，只期望收听到某个穿越时空的信号。我们是这项技术的先行者，我们尚无法预料它将带领我们到何处去。

《思想传染》(*Thought Contagion*)一书的作者阿伦·林奇（Aaron Lynch）引用通信工程科学的说法，在谈到科技传播过程中出现的特殊通信现象时，他说若要快速传播一项科技，必须具有三项特质：该科技必须很容易，必须让使用者看得到好处，也必须能够让人一点一点地逐渐习得。响片训练便符合这三项特质，在狗儿饲主身上绝对看得到它的传播。人们在看见传统训练出身的狗儿表现时，常会说"那一定花了好几年时间训练，我不可能做得到"或者"我的狗不可能像它一样聪明"。相反地，人们在看见响片训练的狗儿表现时，常常会惊呼："你是怎么办到的？我也可以做到吗？示范给我看，我来试试！"

你没有办法事先预知哪个事件将使新一代的使用者迷上响片训练。驯马师亚历山德拉·库兰德在一家大型马厩进行训练，每天周遭有数十人来来去去，她的马匹和学员以惊人速度学习着各项新技能。但是旁观者只当那些是"古怪的响片玩意儿"而嗤之以鼻，直到她教会一匹马像狗儿一样把玩具捡回来。突然间，马厩里的每一个人都非得要有一匹会捡回东西的马不可，大家都问："你怎么做到的？我也可以吗？"

最近亚历山德拉在一封电子邮件中写道："它已经发生了，我们现在已无法让精灵回到魔瓶里，以后可好玩了！"

我希望她关于精灵和魔瓶的说法没有错。

关于好玩一事，我知道她说得没错，训练一直都是件好玩的事！

致　谢

我感谢莫瑞和瑞塔·西德曼（Rita Sidman）夫妇的友谊及鼓励，也感谢莫瑞对本书初版及修订版提供详尽的编辑意见，他睿智善意的指教对于这次信息更多、我期望用处更大的新版内容贡献甚大。然而如果有任何新出现或旧有的错误，那完全是我的过错。

我也感谢菲尔·海莱（Phil Hineline）在一九九二年邀请我到行为分析学会上演讲，从而开拓了我生涯的新方向；感谢已故的艾莉·瑞兹（Ellie Reese）迫使我对自己和自己的工作抱持较为认真的态度；感谢蜜尔娜·利比（Myrna Libby）和文森·史诸利（Vincent Strully）给我到新英格尔儿童特教中心工作的机会；也感谢已故的肯尼斯·诺尼斯（Kenneth Norris）使我成为海豚训练师并且让我投入地写作这本书。

我也感谢强·林伯（Jon Lindbergh）、盖瑞和米歇尔·威尔克斯（Michele Wilkes），他们与我协作在一九九〇年代初期在美国及加拿大举办了一系列讲座，这一过程非常耗费心力,却也有极大的乐趣,我在处理教授训练者时出现问题方面学到了很多。

自那时起,响片训练者的社群一直持续发展并扩充这项行为科学的应用方式,这群人怀抱着卓越才智、创造力及满心热忱。我要特别感谢凯瑟琳·韦弗,她主持的"响片训练讨论区"据我所知是持续最久的互联网自由讨论区。也特别感谢凯瑟琳·秦(Kathleen Chin)安排主办了非常多的重要的讲座及会议。

我也感谢所有在响片训练领域有所创新的人,尤其是竞赛用犬及马匹训练领域的科拉利·伯马斯特(Corally Burmaster)、警犬训练领域的史蒂夫·怀特(Steve White)、宠物饲主训练方面的卡罗琳·克拉克(Carlyn Clark)及旗下员工、服从训练方面的摩根·斯佩克特、马匹训练方面的亚历山德拉·库兰德、服务犬及狗展犬训练方面的戴安娜·希利亚德(Diana Hilliard)、马匹训练方面的梅琳达·米勒(Melinda Miller)、牧羊犬训练方面的拉娜·米切尔(Lana Mitchell)、猛禽训练方面的史蒂夫·莱曼(Steve Layman)、骆马训练方面的吉姆与艾米·罗根(Amy Logan)、儿童应用领域的朱尔纳·利比(Myrna Libby)、成人应用领域的迈克·布莱尔及无论年纪或物种应用领域的鲍伯与玛莉安·贝利(Bob and Marian Bailey)。下一波的扩展才刚起步,这趟旅程上有这么多朋友和同侪一块儿同行真是令人欢欣。